Patchwork

Quilts einfach und schnell genäht

Ravensburger Ratgeber
im Urania Verlag

Inhalt

Die Deutsche Bibliothek – CIP-Einheitsaufnahme

Patchwork: Quilts einfach und schnell genäht / [Übers. aus dem Engl.: Bernadette Mayr]. – Ravensburg: Maier, 1995
(Spass am Nähen)
ISBN 3-473-42438-2

Die Deutsche Bibliothek – CIP-Einheitsaufnahme
Ein Titeldatensatz für diese Publikation ist bei Der Deutschen Bibliothek erhältlich.
ISBN 3-332-00903-6

www.dornier-verlage.de
www.urania-ravensburger.de
Die erste Ausgabe erschien 1995.
3. Auflage März 2002

Der Urania Verlag ist ein Unternehmen der Verlagsgruppe Dornier.

Übersetzung aus dem Englischen: Bernadette Mayr
Redaktion: Hildrun Lachmann
Umschlaggestaltung: Behrend & Buchholz, Hamburg
Satz: Fotosatz Ruderer, Grünkraut
Gesamtherstellung: Urania Verlag
Printed in Slovakia

Gedruckt auf alterungsbeständigem Papier mit chlorfrei gebleichtem Zellstoff.

Bettüberwurf

Zur Einführung

Patchwork und Quilten, in Amerika seit eh und je eine der beliebtesten Handarbeitstechniken, wird auch bei uns immer populärer. Ein Beweis dafür ist der große Erfolg des vorangegangenen Bandes in dieser Reihe, „Patchwork und Quilten mit der Nähmaschine". Während in diesem Band die Vermittlung der grundlegenden Techniken im Vordergrund stand, liegt der Schwerpunkt des vorliegenden Bandes auf den vielfältigen Mustervorschlägen für alle Arten von Patchworkquilts: Ob Wandbehänge, Bettquilts, Kniedecken oder Tischläufer – die vorgestellten Beispiele reichen von „einfach zu nähen" bis hin zu schwierigeren Projekten.

Zu jedem Projekt gibt es genaue und ausführliche Anleitungen für das Nacharbeiten, unter besonderer Berücksichtigung zeitsparender Techniken. Zusätzlich finden Sie viele Ideen und Vorschläge, wie Sie den traditionellen Mustern ein „moderneres" Aussehen verleihen können.

Das Kapitel „Grundlagen" erklärt Schritt für Schritt den Aufbau des Patchworkquilts unter Anwendung rationeller Schneidemethoden und einfacher Maschinennähtechniken.

Tischläufer

Kniedecke oder Wandbehang

Es zeigt die geläufigen Zwischen- und Randstreifen sowie Einfassungen. Bei der Verwirklichung eigener Ideen hilft die Anleitung zur Berechnung des Stoffverbrauchs.

Im Hauptteil des Buches können Sie unter einer Vielzahl von Patchworkprojekten wählen, vom traditionellen „Pine Tree"-Muster bis hin zum modernen Landschaftsquilt. Wir zeigen Ihnen, wie man die Muster durch Farben und veränderte Anordnung der Blöcke variiert und wie man zeitaufwendige Schablonentechniken durch vereinfachte Schneidemethoden ersetzt. Außerdem werden drei unterschiedliche Applikationstechniken beschrieben.

Das letzte Kapitel behandelt die verschiedenen Möglichkeiten der kreativen Randgestaltung. Es zeigt drei Projekte mit ausgefallenen Gitterstreifen, die sowohl Uniblocks wie auch einfache Blockmuster effektvoll umrahmen. Sie lernen, kreative Umrandungen selbst zu entwerfen, inklusive eines applizierten Randmusters. Diese Vorschläge können Sie bei vielen der im vorliegenden Buch vorgestellten Projekte anwenden und so Ihrem speziellen Quilt eine besondere Note verleihen.

Babyquilt

Die Grundlagen

Stoffe und Vlieseinlagen

Für Patchworkober- und -rückseite ist reine Baumwolle am besten geeignet. Baumwollstoff läßt sich gut verarbeiten und ist in großer Farb- und Musterauswahl erhältlich. Natürlich kann man auch Mischfasern verarbeiten, doch sie neigen beim Nähen zur Faltenbildung.

Handgefärbte Baumwollstoffe eignen sich sehr gut für Arbeiten mit weichen Farbübergängen und Zwischentönen. Handgefärbte Stoffe gibt es in Patchworkläden und im Fachversand in Packungen zu je acht abgestimmten Farbstufen, in der Größe eines „fat quarter", also etwa 18" (46 cm) im Quadrat.

Durch Mitverwendung ausgefallenerer Materialien wie Dekostoffe, Spitze, Seide und Lamé oder von ausgedienter Bett- und Tischwäsche sowie getragenen Kleidungsstücken kann man besondere Effekte erzielen. Empfindliche Stoffe können gut in einem wenig strapazierten Wandbehang verwendet werden.

Spülen Sie vor der Verarbeitung waschbare Stoffe in warmem Wasser, damit sie später nicht eingehen. Prüfen Sie das Spülwasser bei Stoffen mit dunklen oder leuchtenden Farben: Wenn Farbe ausläuft, müssen Sie so lange spülen, bis das Wasser klar bleibt. In noch halbfeuchtem Zustand wird der Stoff anschließend gebügelt.

Es gibt verschiedene Arten von Füllmaterial. Baumwollvlies ergibt nach dem Steppen (Quilten) eine flache Oberfläche. Es muß aber in sehr dichten Abständen (1½"–2" bzw. 4–5 cm) gequiltet werden, damit es nicht klumpt oder sich verschiebt. Polyestervlies wirkt fülliger und ist einfacher zu handhaben als Baumwollvlies. Vlies aus einer Mischung von Polyester und Baumwolle hat das flache Aussehen von Baumwollfüllung, verarbeitet sich aber wie Polyestervlies. Es eignet sich für Wandbehänge, Tischläufer und Bettquilts gleichermaßen gut. Sehr dickes Vlies ist schwierig mit der Maschine zu quilten.

Vlies in verschiedenen Qualitäten (von oben nach unten): Baumwolle, Polyester, Baumwoll-Polyester-Mischung.

Patchworkstoffe werden gern nach Farben geordnet; das erleichtert die Auswahl für ein bestimmtes Projekt.

Schnellschneidetechniken

Für die in diesem Buch beschriebenen Patchworkquilts wurden rationelle Schneidetechniken angewandt. Mit Ausnahme der Applikationen können alle Teile schnell und akkurat mit Rollschneider, Schneidematte und durchsichtigem Schneidelineal zugeschnitten werden. Es ist nicht mehr nötig, verzogene Stoffe gerade zu ziehen oder den geraden Fadenlauf durch Auszupfen eines Fadens zu finden.

Alle Teile, auch Zwischen-, Rand- und Einfaßstreifen, werden im Querfadenlauf zugeschnitten, es sei denn, die Arbeitsanleitung sagt ausdrücklich etwas anderes. Die Streifen für Gitter, Rand und Einfassung werden erst zugeschnitten, wenn die Patchworkoberseite fertig zusammengenäht ist. Schneiden Sie die Streifen möglichst stoffsparend aus.

Streifen werden aus der Gesamtbreite des Stoffs geschnitten und dann in die gewünschten Abschnitte unterteilt. Die meisten Stoffteile können Sie mit Hilfe eines Schneidelineals mit 45°-Einteilung schneiden. Für spezielle Patchworkmuster, wie z. B. Rhomben, sind besondere Lineale erhältlich. Wenn Sie schmale Streifen feinen Schmirgelpapiers mit zweiseitig klebendem Band an der Unterseite des Lineals befestigen, kann es während des Schneidens auf dem Stoff nicht verrutschen.

Übrigens beziehen sich alle Angaben hinsichtlich der benötigten Stoffmengen in diesem Buch auf die Standardbreite der amerikanischen Patchworkstoffe von 45" (115 cm), was einer verwendbaren Breite von etwa 40" (102 cm) entspricht.

Schnellschneidetechniken

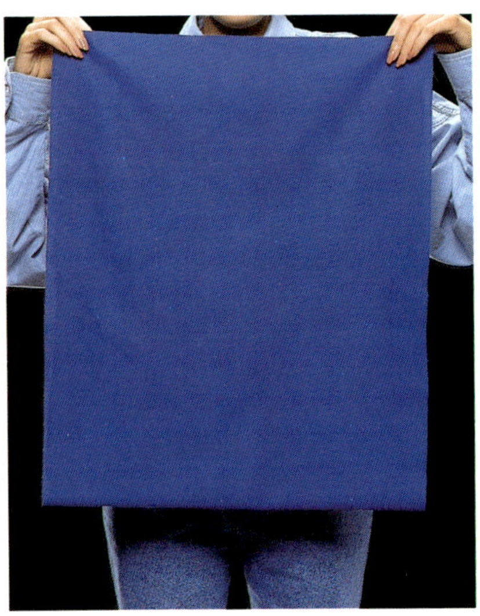

1) Falten Sie den Stoff zur Hälfte, Webkante auf Webkante. Festhalten, so daß die Falte frei nach unten hängt. Verschieben Sie eine Stoffseite, bis die Falte glatt hängt. Diese Faltlinie liegt nun im Querfadenlauf.

2) Legen Sie den Stoff auf die Schneidematte, die Falte entlang einer Rasterlinie. Das Lineal nahe der offenen Stoffkanten (Webkanten) im rechten Winkel auflegen; abschneiden, ohne den Stoff zu verschieben.

3) Richten Sie die Schnittkante an der gewünschten Hilfslinie des Lineals aus. Schneiden Sie. Nach mehreren geschnittenen Streifen prüfen Sie, ob der Stoff noch im 90°-Winkel liegt, wie in Punkt 2 beschrieben.

4) **Schneiden** Sie Quadrate und Rechtecke gleichzeitig aus drei bis vier exakt aufeinandergelegten Streifen. Lineal rechtwinklig nahe der Webkanten anlegen. Webkanten abschneiden. Dann das Lineal so auf den Streifen legen, daß die Stoffkante mit der gewünschten Hilfslinie übereinstimmt. Fest aufdrücken und schneiden.

5) **Schneiden** Sie Quadrate zu Dreiecken, indem Sie jedes Quadrat in der Diagonale ein- oder zweimal teilen. Folgen Sie dabei den entsprechenden Anweisungen für das betreffende Projekt. Sie können auch hier drei bis vier Stoffquadrate exakt aufeinanderlegen und gleichzeitig schneiden.

Grundtechniken für das Patchen

Für die beschriebenen Patchworkquilts wurden schnelle und einfache Nähtechniken gewählt. Das Zusammensetzen der Teile („Patchen") geschieht mit 1/4" (6 mm) Nahtzugabe. Es ist sehr wichtig, exakt zu schneiden und zu nähen, damit die Stoffteile an Ecken und Spitzen genau zusammentreffen.

Hat die Stichplatte Ihrer Nähmaschine eine Führungslinie, so prüfen Sie an einem Stück Stoff die Nahtzugabenbreite. Fehlt die Führungslinie, so markieren Sie 1/4" (6 mm) durch einen Klebestreifen auf der Stichplatte.

Wählen Sie eine Stichlänge von 15 Stichen pro Inch (2,5 cm). So halten Ihre Nähte auch ohne sichernde Rückstiche. Stellen Sie die Fadenspannung gleichmäßig ein. Die Garnfarbe sollte zum dunkleren Stoff passen, oder Sie wählen eine neutrale Farbe wie Naturweiß, Schwarz oder Grau.

Nähen Sie, wenn immer möglich, die Stoffteile als Kette hintereinanderweg, ohne Rückstiche oder Unterbrechung. Anschließend durchtrennen Sie die verbindenden Fäden zwischen den Stoffteilen.

Die beiden Nahtzugaben werden in der Regel zu einer Seite hin gebügelt, und zwar möglichst zur dunklen Stoffseite, damit sie auf der Oberseite nicht durchscheinen. Da Nähte im diagonalen Fadenlauf durch Bügeln sehr leicht verzogen werden, wird während der Arbeit an einem Block nur mit dem Fingernagel über die Naht gestrichen („Fingerbügeln"), bis das Teil oder der gesamte Block an allen vier Seiten im geraden Fadenlauf fertig ist; erst dann mit dem Eisen bügeln.

Bügeln Sie die Blöcke ohne Druck mit dem Dampfbügeleisen, damit sich die Nahtzugaben nicht auf die Oberseite durchdrücken. Zuerst von links, dann rechts. Entfernen Sie alle Markierungen vor dem Bügeln, denn die Hitze könnte sie dauerhaft fixieren. Der fertige Quilt wird nicht mehr gebügelt, da sonst das Vlies plattgedrückt würde.

Nähen Sie über Nahtkreuzungen, nachdem Sie die Nahtzugaben mit dem Fingernagel in die jeweils entgegengesetzte Richtung gedrückt haben (Fingerbügeln).

Schneiden Sie die Spitzen der Nahtzugaben ab, die über die Kanten einer Einheit oder eines Blocks hinausragen. Das erleichtert das gleichmäßige Weiternähen.

Nähen Sie genau durch den Kreuzungspunkt des „X", das die Nähte an zusammengesetzten Dreiecken bilden. So treffen sich die Spitzen der Dreiecke ganz genau.

Fixieren Sie Stoffteile an mehreren Punkten, um leichte Längenunterschiede beim Nähen ausgleichen zu können. Das zu lange Stoffteil liegt unten, die oben liegende Stoffkante wird gedehnt.

Stecken Sie eine Stecknadel genau durch die Punkte, an denen sich zwei Nähte treffen sollen. Entfernen Sie die Stecknadel während des Nähens.

Streichen Sie diagonale Nähte mit dem Fingernagel glatt. Mit dem Eisen erst bügeln, wenn eine Einheit oder ein Block an allen vier Seiten im geraden Fadenlauf fertig ist.

Zwischen- oder Gitterstreifen

Zwischenstreifen trennen die Musterblöcke optisch voneinander und rahmen sie ein. Sie sind gleichzeitig eine harmonische Verbindung der gesamten Patchworkoberseite, und sie können die Größe eines Quilts verändern. Ein Gitter aus nur einer Stoffart **(a)** eignet sich für einen Quilt mit auffallenden Blöcken, wobei der Rand aus einem anderen, dazu passenden Stoff sein kann.

a

b

Kurze, senkrechte Längsstreifen verbinden die Blöcke zu Reihen; lange, horizontale Querstreifen fügen die Reihen zusammen. Streifen mit Eckquadraten **(b)** sehen besonders interessant aus. Bei dieser Methode müssen jedoch auch die Außenseiten der Patchworkoberseite mit den entsprechenden Gitterstreifen versehen sein.

Die Zwischenstreifen werden erst zugeschnitten, wenn die Patchworkblöcke fertig sind. Dadurch können Abweichungen in der Größe ausgeglichen werden. Zwischenstreifen werden meist im Querfadenlauf geschnitten. Muß ein Streifen zur erforderlichen Länge zusammengesetzt werden, so sollten die Nähte möglichst in der Mitte des Streifens liegen.

Um die benötigte Anzahl von Streifen zu ermitteln, zeichnen Sie den Plan Ihrer Quiltoberseite auf Papier, oder Sie legen die fertigen Blöcke auf einer großen Fläche aus. Beim Berechnen der benötigten Stoffmenge dürfen Sie die Webkanten nicht mitrechnen. Denken Sie auch an zusätzliche Stoffweite, die durch das Einlaufen beim Waschen nötig wird. Rechnen Sie mit etwa 40" (102 cm) Nutzen aus einem Stoff, der 45" (115 cm) breit liegt.

Den Stoffbedarf für Zwischenstreifen berechnen

1) Zeichnen Sie einen Plan der Patchworkoberseite, mit den Maßangaben für Blöcke, Rand- und Zwischenstreifen. Zeichnen Sie auch die Nähte an den Zwischenstreifen mit ein.

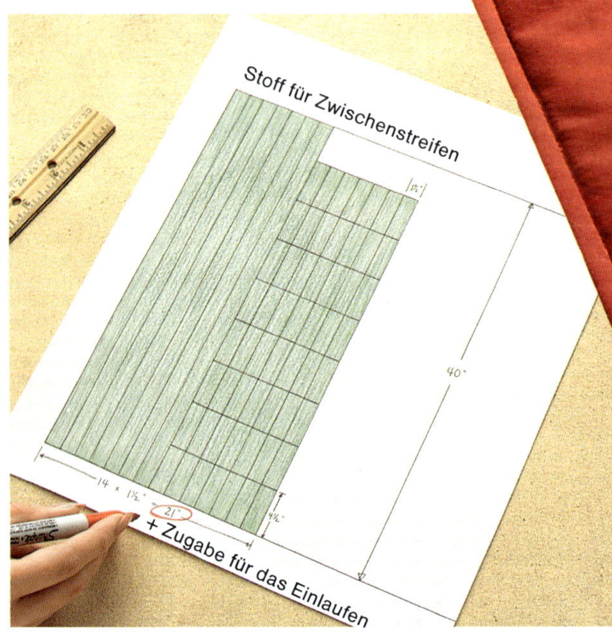

2) Zeichnen Sie einen Zuschneideplan, ausgehend von der Nutzbreite des Stoffs. Zeichnen Sie die Streifenabschnitte inklusive Nahtzugaben entlang des Quer- oder Längsfadenlaufs ein. Addieren Sie alle Maße.

Einfache Zwischenstreifen nähen

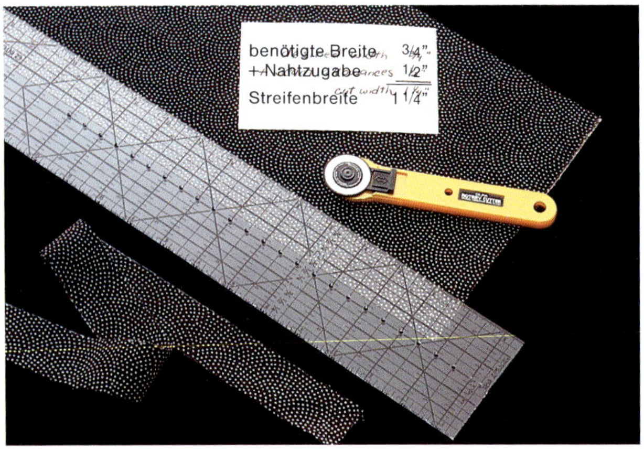

1) **Schneiden** Sie die Streifen in der erforderlichen Breite plus 1/2" (1,3 cm) Nahtzugabe.

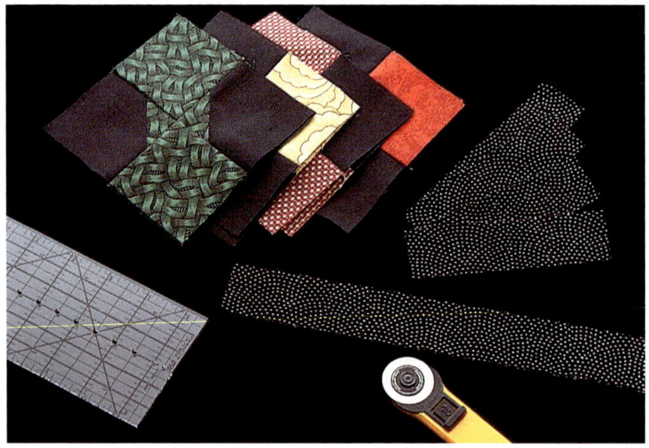

2) **Messen** Sie die Kanten mehrerer Patchworkblöcke, um das kürzeste Maß zu ermitteln. Schneiden Sie die kurzen Längsstreifen danach zu.

3) **Nähen** Sie die Längsstreifen rechts auf rechts zwischen die Blöcke, so daß eine Reihe entsteht. Die beiden Enden der Reihe bleiben frei. Nahtzugaben zu den Streifen bügeln.

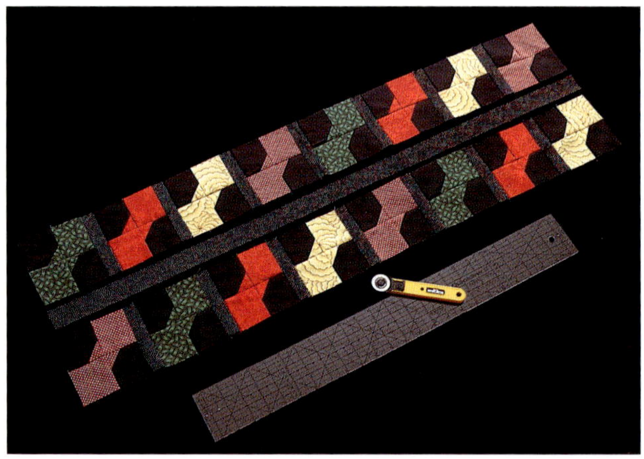

4) **Messen** Sie die Länge der Reihen, um das kürzeste Maß zu ermitteln, und schneiden Sie die langen Querstreifen zu. Wenn nötig, mehrere Streifenstücke zusammensetzen.

5) **Kennzeichnen** Sie die Mitte der Querstreifen und der Reihen. Querstreifen rechts auf rechts an die untere Kante einer Block-Reihe legen, Markierungen und Enden aufeinandertreffend. Feststecken, dabei die Stoffweite gleichmäßig verteilen. Nähen. Bei allen Reihen wiederholen, außer bei der untersten. Nahtzugaben zu den Streifen bügeln.

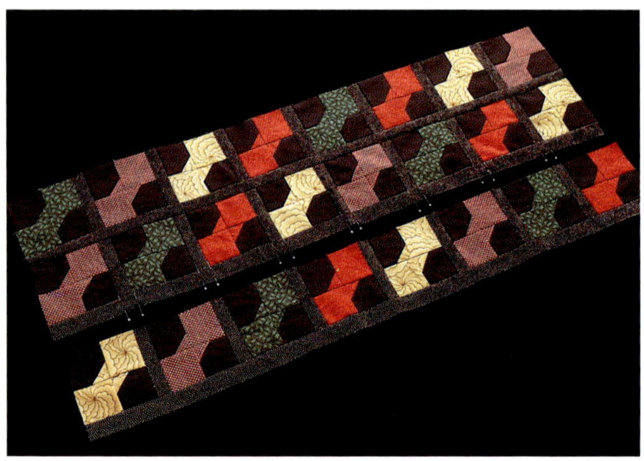

6) **Legen** Sie die Reihen aneinander und markieren Sie die Streifen wie gezeigt. Untere Kante des Zwischenstreifens rechts auf rechts an die obere Kante der nächsten Reihe stecken, die Nadeln markieren die Nahttreffpunkte. Nähen wie in Punkt 5. Nahtzugaben zum Streifen bügeln. Alle Reihen so zusammennähen.

Zwischenstreifen mit Eckquadraten nähen

1) Schneiden Sie Streifen in der gewünschten Breite plus ½" (1,3 cm) Nahtzugabe. Aus kontrastierendem Stoff genügend Quadrate für die Ecken zuschneiden; die Kantenlänge entspricht der Breite der Streifen.

2) Messen Sie die Kanten von mehreren Blöcken, um das kürzeste Maß zu ermitteln. Die kurzen Längsstreifen danach zuschneiden. Die Streifen rechts auf rechts zwischen die Blöcke nähen. Auch an die Enden der Reihe je einen Streifen nähen. Nahtzugabe zu den Streifen bügeln.

3) Nähen Sie die verbleibenden Streifen abwechselnd mit den Eckquadraten zusammen, bis die benötigte Länge für den Querstreifen erreicht ist. Ein Eckquadrat befindet sich an jedem Ende. Nahtzugaben zu den Streifen bügeln.

4) Legen Sie einen Querstreifen rechts auf rechts an die Unterkante der ersten Block-Reihe, die Nähte treffen genau aufeinander. Feststecken und die Stoffweite gleichmäßig verteilen. Alle weiteren Reihen ebenso nähen.

5) Stecken Sie die Unterkante eines Querstreifens an die Oberkante der nächsten Reihe, wie in Punkt 4. Nähen. Nahtzugaben zu den Streifen bügeln. Alle Reihen aneinanderfügen. Zum Schluß einen Querstreifen an die oberste Kante nähen.

Randstreifen

Der Randstreifen bildet den optischen Abschluß eines Quilts und rahmt die Patchworkoberseite ein. Die drei geläufigen Arten sind: Rand mit geraden Ecken, Rand mit eingesetzten Ecken und Rand mit diagonalen Ecken. In der Regel werden einfarbige oder kleingemusterte Stoffe mit geraden Ecken genäht, gestreifte oder Bordürenstoffe dagegen mit schrägen Ecken. Umrandungen mit eingesetzten Ecken sind für alle Stoffe passend.

Jede dieser Randarten kann einfach oder doppelt um den Quilt führen. Ein einfacher Randstreifen ist wie ein schlichter Rahmen für Ihren Quilt. Eine doppelte Umrandung kann das Patchworkmuster vorteilhaft betonen, vor allem dann, wenn sich in ihr Farben aus der Patchworkoberseite wiederholen.

Die Randstreifen werden erst dann zugeschnitten, wenn die Patchworkoberseite fertiggenäht und abgemessen wurde, denn schon kleine Abweichungen bei der Nahtzugabenbreite kann die Größe der Quiltoberseite verändern. Messen Sie die Länge der Patchworkoberseite durch deren Mitte, um das richtige Maß für die Länge der Randstreifen zu erhalten.

Randstreifen werden im Querfadenlauf zugeschnitten und bis zur benötigten Länge zusammengesetzt. Nähte werden zufällig verteilt, sollten aber mindestens 12" (30,5 cm) vom Ende entfernt liegen. Setzt man die Streifen mit schrägen Nähten zusammen, sind diese kaum sichtbar. Randstreifen aus gestreiften Stoffen oder Bordürenstoff müssen natürlich im Längsfadenlauf zugeschnitten werden.

Beim Ermitteln des Stoffverbrauchs werden die Webkanten nicht mitgerechnet. Denken Sie auch daran, daß der Stoff einlaufen kann; kalkulieren Sie mit etwa 40" (102 cm) Nutzen aus einer Stoffbreite von 45" (115 cm).

Den Stoffverbrauch für Randstreifen berechnen

1) Zeichnen Sie einen Plan der Patchworkoberseite, mit den Maßangaben für Blöcke, Rand- und Zwischenstreifen. Planen Sie jetzt auch die Nähte, falls der Randstreifen zusammengesetzt werden muß, und zeichnen Sie diese mit ein.

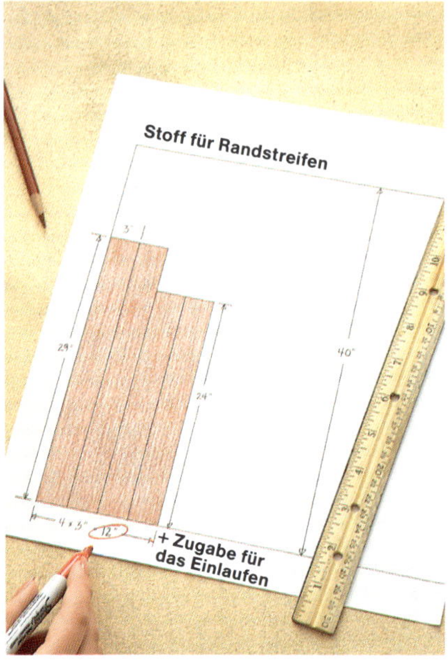

2) Zeichnen Sie einen Zuschneideplan, ausgehend von der Nutzbreite des Stoffs. Zeichnen Sie die Randstreifen längs oder quer ein, inklusive Nahtzugaben, und schreiben Sie die Maße dazu. Durch Addieren aller Maße erhalten Sie den Stoffbedarf.

Einfache Umrandungen (oben): mit gerader Ecke **(a)**, mit eingesetzter Ecke **(b)** und mit schräger Ecke **(c)**.

Doppelte Umrandungen (links) können gerade, schräge oder eingesetzte Ecken haben. Der innere Randstreifen ist im allgemeinen schmaler als der äußere.

Einfacher Rand. 1) Messen Sie die Oberseite quer durch die Mitte. Zwei Streifen dieser Länge schneiden, ggf. zusammensetzen. Die Streifenbreite ergibt sich aus der gewünschten Randbreite plus 1/2" (1,3 cm).

2) **Stecken** Sie den Streifen, rechts auf rechts, zuerst an Mitte und Ende der Oberseiten-Oberkante fest, dann in kleineren Abständen; eventuell überschüssige Weite dabei einhalten. Nähen. Nahtzugaben zum Rand bügeln. Unteren Randstreifen ebenso annähen.

3) **Messen** Sie die Länge der Patchworkoberseite durch die Mitte und schneiden Sie zwei Streifen (s. Punkt 1). Stecken und nähen Sie die Streifen an die Längskanten der Oberseite, wie in Punkt 2 beschrieben. Nahtzugaben zum Rand bügeln.

Doppelter Rand. Nähen Sie den inneren Rand, wie in Punkt 1–3 beschrieben. Messen Sie die Quiltoberseite längs und quer durch die Mitte, inklusive des inneren Randes. Den äußeren Rand wie den inneren zuschneiden und nähen.

Einfacher Rand. 1) Messen Sie die Patchworkoberseite quer durch die Mitte. Schneiden Sie zwei gleiche Streifen in gewünschter Randbreite plus 1/2" (1,3 cm) Nahtzugabe. Danach für die Längsstreifen die Quiltoberseite längs durch die Mitte messen.

2) **Schneiden** Sie vier Quadrate aus kontrastierendem Stoff, deren Kantenlänge der Breite der Randstreifen entspricht. Nähen Sie die Quadrate, rechts auf rechts, an die Enden der beiden seitlichen Randstreifen.

3) **Stecken** Sie einen Randstreifen rechts auf rechts an die Oberkante der Patchworkoberseite, zuerst in der Mitte und an den Enden, dann dichter. Stoffweite dabei gleichmäßig verteilen. Nähen. Nahtzugaben zum Rand bügeln. Unterkante annähen.

4) **Stecken** und nähen Sie die zusammengesetzten Randstreifen an die beiden Seiten der Patchworkoberseite, wie in Punkt 3; die Nähte treffen an den Eckquadraten aufeinander. Nahtzugaben zum Rand bügeln.

Doppelter Rand. Nähen Sie den inneren Rand um die Patchworkoberseite, wie in Punkt 1–4 beschrieben. Oberseite längs und quer durch die Mitte messen, inklusive innerem Rand. Schneiden und nähen Sie den äußeren Rand wie den inneren.

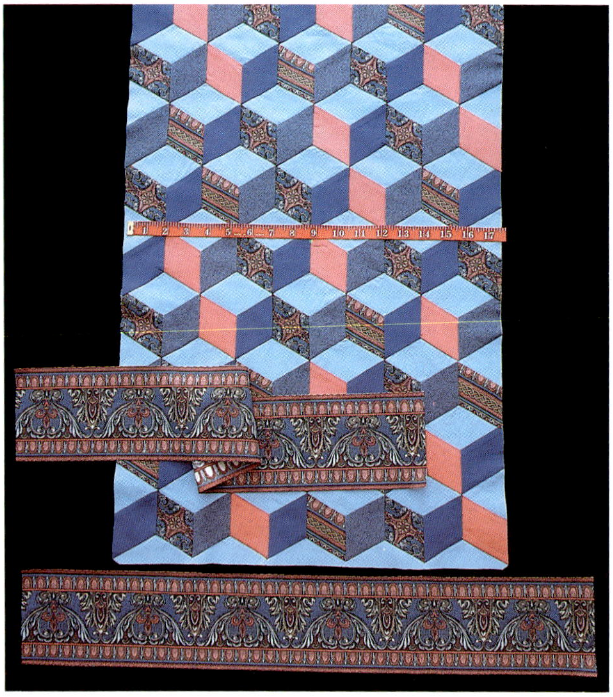

Einfacher Rand. 1) Messen Sie die Patchworkoberseite quer durch die Mitte. Schneiden Sie zwei gleiche Streifen dieser Länge, plus 2 x die Breite des gewünschten Randes, plus 1/2" (1,3 cm). Dies gilt auch für die Randstreifen der Längskanten; messen Sie dafür die Oberseite längs durch die Mitte.

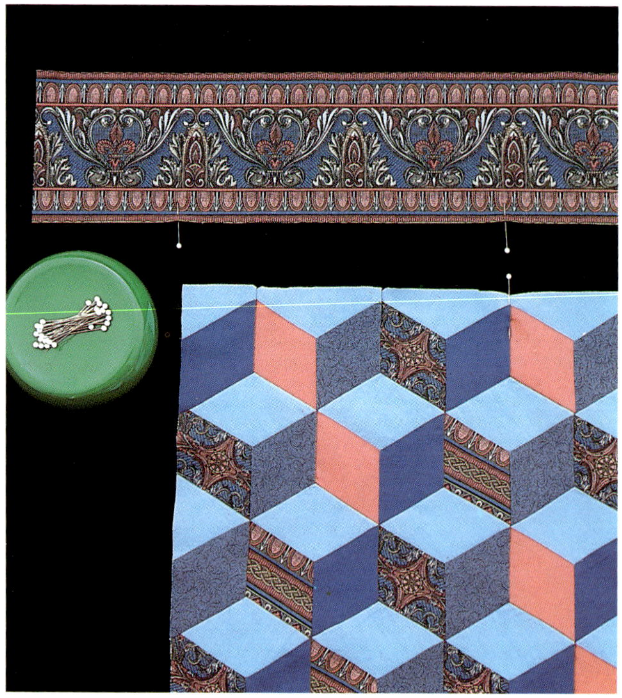

2) **Markieren** Sie die Mitte der Oberseite an Ober- und Unterkante, ebenso die Mitte der oberen und unteren Randstreifen. Von den Enden her markieren Sie jeweils die Breite des Randes plus 1/2" (1,3 cm). Legen Sie den oberen Randstreifen an die Oberkante, rechts auf rechts, Stecknadeln aufeinanderliegend.

3) **Passen** Sie die Streifenenden genau an die Ecken der Patchworkoberseite. Feststecken und Stoffweite verteilen. Naht 1/4" (6 mm) von der Ecke entfernt beginnen, Rückstiche an Anfang und Ende. Unteren Rand ebenso festnähen.

4) **Wiederholen** Sie Punkt 2 und 3 an den Längskanten der Patchworkoberseite.

5) **Falten** Sie die Patchworkoberseite an den Ecken diagonal, rechts auf rechts, und stecken Sie die Nähte der Randstreifen genau aufeinander. Ziehen Sie mit einem Markierstift eine Diagonale über den Randstreifen, indem Sie ein Lineal an der gefalteten Patchworkoberseite anlegen.

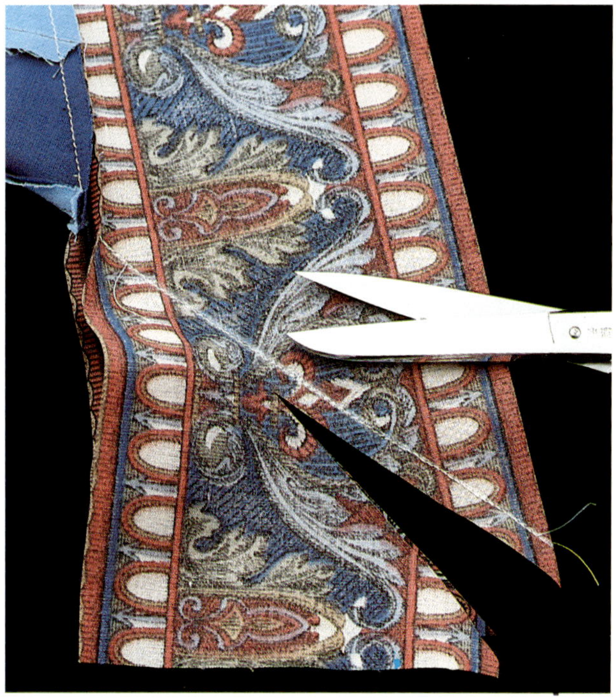

6) **Nähen** Sie die Randstreifen auf der markierten Linie zusammen, aber nähen Sie die Nahtzugabe nicht mit. Schneiden Sie die Enden des Randstreifens bis auf 1/4" (6 mm) Nahtzugabe ab.

7) **Bügeln** Sie die Nahtzugaben in der Ecke auseinander, die Nahtzugaben der anderen Nähte gemeinsam zum Rand hin. Wiederholen Sie diesen Vorgang bei den anderen Ecken.

Doppelter Rand. Nähen Sie den inneren Rand wie in Punkt 1–7. Patchworkoberseite längs und quer durch die Mitte messen, inklusive innerem Rand. Schneiden und nähen Sie den äußeren Rand genauso wie den inneren.

Einen Quilt montieren und heften

Nachdem die Quiltoberseite fertiggenäht ist, werden Rückseite und Vlieseinlage zugeschnitten und schließlich die drei Lagen aufeinandergeheftet. Der einfacheren Handhabung wegen sollten Rückseite und Vlies 2"–4" (5–10 cm) über den Rand der Quiltoberseite hinausragen. Der Stoffbedarf für die Rückseite richtet sich nach den Maßen der Quiltoberseite und danach, ob die Rückseite zusammengesetzt wird. Um eine Rückseite interessanter zu machen, kann man beim Zusammennähen einige von der Oberseite übriggebliebene Stoffstücke einsetzen. Entfernen Sie vor dem Zusammensetzen des Rückseitenstoffs alle Webkanten. Für größere Quilts gibt es extrabreiten Stoff von 90" und 108" (230 und 275 cm) Breite zu kaufen.

Bügeln Sie Quiltoberseite und Rückseitenstoff. Bevor Sie jedoch die drei Lagen zusammenheften, müssen Sie eventuell vorgesehene Quiltmuster auf die Quiltoberseite zeichnen bzw. übertragen (s. Seite 30). Wenn Sie Polyestervlies verwenden, sollten Sie es einige Stunden lang flach ausbreiten, damit sich Unebenheiten glätten. Baumwoll-Polyester-Vlies spülen und trocknen Sie nach Anweisung der Herstellerfirma.

Das Heften ist deshalb so wichtig, weil dadurch die Lagen während des Steppens nicht verrutschen können. Traditionell wird mit Nadel und Faden geheftet, doch kann man statt dessen auch große Sicherheitsnadeln nehmen („Nadelheften"). Legen Sie die Quiltlagen auf einem großen, glatten und festen Untergrund übereinander und heften Sie den gesamten Quilt.

Nehmen Sie dazu weißes Baumwollgarn und eine lange Näh- oder Stopfnadel. Heften Sie mit etwa 1" (2,5 cm) langen Vorstichen. Wenn Sie das Nadelheften vorziehen, sollten Sie rostfreie Sicherheitsnadeln verwenden.

1) **Markieren** Sie die Mitte der Quiltober- und -unterkante mit Sicherheitsnadeln, auch an der Vlieseinlage und dem Rückseitenstoff. Befestigen Sie den Rückseitenstoff mit Klebestreifen, linke Seite nach oben, auf dem Untergrund. Von der Mitte aus zu den Ecken hin glattstreichen, aber nicht dehnen, und fixieren.

2) **Legen** Sie das Vlies über die Rückseite, Markierungsnadeln aufeinanderliegend. Streichen Sie das Vlies von der Mitte nach außen glatt, ohne zu ziehen. Dann legen Sie die Quiltoberseite mit der rechten Seite nach oben darüber, Markierungen aufeinandertreffend. Glattstreichen, aber nicht ziehen.

3) **Heften** Sie mit Sicherheitsnadeln oder mit Nadel und Faden (im Bild werden beide Methoden gezeigt) von der Mitte zum Rand hin. Ziehen Sie den Faden fest an, damit nichts verrutscht, und sichern Sie ihn mit Rückstichen. Heften Sie nicht direkt auf den Markierungslinien für das Quiltmuster oder auf den Nähten.

4) **Heften** Sie zunächst ein Viertel der Fläche in parallelen Reihen von etwa 6" (15 cm) Abstand, von der Mitte aus in Richtung der offenen Kanten. Bei Verwendung von Garn heften Sie in Längs- und Querreihen. Mit den anderen Vierteln ebenso verfahren.

5) **Entfernen** Sie die Klebestreifen vom Rückseitenstoff und falten Sie diesen über Vlies und Rand der Quiltoberseite nach vorn. Mit Sicherheitsnadeln fixieren. Das schont die offenen Kanten und verhindert beim Maschinenquilten, daß das Vlies von Nadel oder Transporteur erfaßt wird.

In-der-Naht-Quilten

Maschinengesteuertes Konturquilten

Parallelquilten

Das Quilten

Das Quilten (= Steppen) hält einerseits die drei Lagen des Quilts zusammen und macht gleichzeitig die Quiltoberseite interessanter. Es gibt zwei Arten des Maschinenquiltens: das maschinengesteuerte Quilten und das freie Maschinenquilten.

Maschinengesteuertes Quilten

Dabei wird der Stoff hauptsächlich von Nähfuß und Transporteur geführt. Diese Methode eignet sich gut für lange, gerade Linien oder leichte Kurven, ebenso wie für das Quilten in der Naht, das Umriß- oder Konturquilten und das Parallelquilten.

Quilten in der Naht ist die einfachste und gebräuchlichste Art. Es hebt die einzelnen Blöcke, Umrandungen und Gitterstreifen hervor und reicht oft aus, das gesamte Projekt zu gestalten.

Kontur- oder Umrißquilten betont ebenfalls das Blockmuster der Quiltoberseite, jedoch verlaufen hier die Quiltlinien 1/4" (6 mm) von der Naht entfernt. Ist Ihr Quilt klein genug, um unter der Nähmaschine bequem in alle Richtungen gedreht zu werden, so ist dies die geeignete Technik. Konturquilten ist auch durch freies Maschinenquilten möglich (siehe gegenüberliegende Seite).

Parallelquilten bedeutet, Linien in gleichmäßigem Abstand zu quilten. Die Quiltlinien können diagonal, vertikal oder horizontal verlaufen. Das Parallelquilten ist eine einfache Gestaltungsmöglichkeit für den Rand. Zeichnen Sie die Quiltlinien mit einem Lineal vor (Seite 30).

Schablonenquilten

Freies Konturquilten

Flächenquilten

Freies Maschinenquilten

Beim freien Maschinenquilten wird der Transporteur versenkt oder abgedeckt und der Stoff von Hand geführt. So können Sie in jeder Richtung steppen, ohne den Quilt ständig drehen zu müssen. Auch wenn bei dieser Technik die Stiche leicht etwas unregelmäßig werden, tut das dem sehr schönen Gesamteindruck keinen Abbruch. Diese Art des Quiltens wendet man gern bei Mustern mit scharfen Ecken und komplizierten Kurven an; sie eignet sich für Schablonenquilten, Konturquilten und Flächenquilten.

Durch Motiv- oder Schablonenquilten entstehen eigenständige Formen bzw. Muster oder fortlaufende Bordüren. Bevor man mit dem Quilten beginnt, werden die Motive mittels Schablonen auf den Stoff übertragen. Meist wird das freie Maschinenquilten angewendet, doch in manchen Fällen, z. B. bei geflochtenen Mustern mit sanften Kurven, ist auch maschinengesteuertes Quilten möglich. Übertragen Sie die Quiltmuster, wie auf Seite 30 beschrieben.

Freies Konturquilten ist meist dann einfacher anzuwenden als maschinengesteuertes Quilten, wenn sich die Richtung der Quiltlinien oft ändert, wie das bei kleinen Quadraten oder Dreiecken der Fall ist. Quiltlinien im Abstand von 1/4" (6 mm) von der Naht unterstreichen das Patchworkmuster.

Flächenquilten (auch: Mäanderquilten, Pünktchen- oder Tüpfelquilten) benutzt man zum großflächigen Füllen eines Hintergrunds. Es verleiht dem jeweiligen Segment eine gleichmäßige Struktur. Da Flächenquilten die Oberfläche sehr flach macht, kann es bewußt eingesetzt werden, um andere Teile des Quilts hervorzuheben.

Ein Quiltmuster vorzeichnen

Planen Sie das Quiltmuster so, daß es den ganzen Quilt gleichmäßig bedeckt. Um ein schönes Ergebnis zu erzielen, sollten Sie einzelne Bereiche nicht dichter als andere steppen.

Alle Quiltlinien, die nicht einer Naht oder einer Applikation folgen, werden vorgezeichnet, wie z. B. beim Parallel- oder Schablonenquilten. Zeichnen Sie die Linien mit einem Markierstift auf, noch bevor Sie die drei Quiltlagen zusammenheften. Testen Sie zuvor den Markierstift, um sicherzugehen, daß sich die Striche wieder entfernen lassen. Vermeiden Sie wasserlösliche Stifte, denn zum Entfernen solcher Markierungen müßte der gesamte Quilt gewaschen werden.

Mit Hilfe von Schablonen werden kompliziertere Quiltmuster übertragen.

Ein Quiltmuster übertragen

1) **Bügeln** Sie die Patchworkoberseite und legen Sie sie auf einen festen, glatten Untergrund, die Ecken im rechten Winkel und die Kanten parallel. Fixieren Sie alle Kanten mit Klebeband, und zwar so, daß die Patchworkoberseite glatt und straff aufliegt.

2) **Zeichnen** Sie das Quiltmuster auf. Eine Kante der Schablone als Lineal verwenden und in einer Ecke beginnen. Feine Linien zeichnen und leicht aufdrücken. Bei fortlaufenden Mustern die Quiltschablone mehrmals ansetzen. Einzelne Bereiche nach Bedarf verlängern.

Fertig zum Quilten

Bevor Sie mit dem Quilten beginnen, sollten Sie einige Vorbereitungen treffen, die Ihnen die Arbeit erleichtern und das Ergebnis verbessern.

Vorbereiten der Nähmaschine

Stellen Sie die Nähmaschine so auf, daß der Quilt links und hinter der Maschine großflächig aufliegt. Lassen Sie den Quilt nicht über den Rand des Tischs hängen, denn durch sein Gewicht wird die Naht verzogen, die einzelnen Stiche würden ungleichmäßig.

Für das maschinengesteuerte Quilten montieren Sie am besten einen Obertransportfuß, sofern vorhanden; er verhindert das Kräuseln der Naht. Arbeiten Sie mit einer Stichlänge von 8–10 Stichen pro Inch (2,5 cm).

Für das freie Maschinenquilten benutzen Sie eine Geradstichplatte. Decken Sie den Transporteur mit Klebestreifen ab oder versenken Sie ihn. Setzen Sie, wenn vorhanden, einen Stick- bzw. Stopffuß ein, Sie können aber auch ganz ohne Nähfuß arbeiten. Es ist nicht nötig, die Stichlänge einzustellen, denn die Länge der Stiche ergibt sich aus dem Tempo, mit dem Sie den Quilt unter der Nähmaschine bewegen, und aus der Stichgeschwindigkeit der Nadel.

Verwenden Sie Baumwollgarn oder farbloses Nylongarn. Stellen Sie in jedem Fall die Fadenspannung so ein, daß der Unterfaden nicht auf die Oberseite gezogen wird.

Traditionell wird mit Baumwollgarn gequiltet. Wählen Sie die Farbe danach aus, wie stark die Quiltlinien sichtbar sein sollen. Unsichtbares Nylongarn ist für das Maschinenquilten zur Zeit sehr beliebt, weil man dann die Garnfarbe nicht zu wechseln braucht. Wählen Sie farbloses Nylongarn für bunte und getöntes für dunkle Stoffe. Nylongarn wird nur als Oberfaden eingesetzt, der Unterfaden ist immer Baumwolle.

Die Reihenfolge beim Quilten

Überlegen Sie, in welchem Bereich Sie mit dem Steppen beginnen und wie Sie dann weiterquilten wollen. Die Reihenfolge wird vom Quiltmuster bestimmt. Am besten, Sie beginnen mit In-der-Naht-Quilten in der Quiltmitte und quilten dann die Einfassung. Auf diese Weise können die Quiltlagen dann nicht mehr verrutschen. Danach quilten Sie die Zwischenstreifen oder zwischen den Blöcken, wobei Sie immer in der Mitte beginnen und nach außen hin arbeiten. Sobald der Quilt durch diese Quiltlinien in größere Bereiche aufgeteilt ist, bearbeiten Sie die kleineren Flächen innerhalb der Blöcke und der Randstreifen.

Weitere praktische Tips

Nähen Sie fortlaufend, mit so wenig Stops wie möglich. Tasten Sie den Bereich kurz vor der Nadel ab, um festzustellen, ob sich auf der Rückseite Falten gebildet haben. Verhindern Sie Faltenbildung durch leichtes Einhalten des Stoffs, bevor er die Nadel erreicht. Wenn sich doch eine Falte gebildet hat, trennen Sie die Naht etwa 3" (7,5 cm) weit auf und verteilen die Stoffweite gleichmäßig.

Kleine Projekte können gut unter der Nähmaschine gehandhabt werden. Wenn Sie einen größeren Quilt bearbeiten wollen, müssen Sie ihn von einer oder auch beiden Seiten her aufrollen, um ihn unter dem Arm der Nähmaschine hindurchschieben zu können.

1) **Rollen** Sie eine oder beide Seiten des Quilts bis 3" (7,5 cm) an die erste vertikale Quiltlinie heran auf; das ist meist eine Naht in der Mitte. Wenn nötig, halten Sie die Rollen mit Fahrradklammern oder sehr großen Sicherheitsnadeln fest.

2) **Legen** Sie sich den Quilt über die Schulter oder in den Schoß. Steppen Sie die erste Quiltlinie direkt in der Naht (s. Seite 34/35). Führen Sie den Quilt dabei gleichmäßig unter der Nadel hindurch. Fadenenden sichern, wie auf der nächsten Seite beschrieben.

3) **Rollen** Sie nun den Quilt bis 3" (7,5 cm) an die erste horizontale Quiltlinie heran und sichern Sie die Rollen mit Fahrradklammern oder großen Sicherheitsnadeln. Steppen wie in Punkt 2.

4) **Steppen** Sie nun rundherum in der Naht des Randstreifens und rollen Sie auch hier den Quilt nach Bedarf ein, damit er gut aufliegt und leichter zu handhaben ist.

5) **Steppen** Sie nun alle vertikalen Zwischenstreifen bzw. in den Nähten zwischen den einzelnen Blöcken. In der Mitte beginnen und zu den Seiten hin arbeiten. Ebenso bei den horizontalen Nähten verfahren.

6) **Quilten** Sie danach die Bereiche innerhalb der Blöcke und Randstreifen in der gewünschten Technik (s. Seite 34/35).

Die Nahtenden sichern

1) **Ziehen** Sie den Unterfaden auf die Oberseite, indem Sie am Handrad drehen, bis die Nadel die höchste Position einnimmt. Ziehen Sie am Oberfaden, bis der Unterfaden als Schlaufe auf der Oberseite erscheint.

2) **Nähen** Sie einige kurze Stiche, um den Nahtanfang zu sichern, und vergrößern Sie dann die Stichlänge stufenlos auf einer Strecke von 1/2" (1,3 cm). Am Ende einer Naht umgekehrt vorgehen, also die Stichlänge verkleinern.

Quilttechniken

Beim maschinengesteuerten Quilten, wie dem In-der-Naht-Quilten, dem Konturquilten oder dem Parallelquilten, legen Sie Ihre Hände rechts und links neben dem Nähfuß auf. Drücken Sie den Stoff leicht nach unten und halten Sie ihn straff genug, damit sich die Lagen nicht verschieben und keine Falten entstehen. Eventuell überschüssige Stoffweite können Sie während des Nähens einhalten. Transporteur und Nähfuß führen den Quilt fast von selbst durch die Maschine.

Beim freien Maschinenquilten, z. B. beim Schablonen-, Kontur- und Flächenquilten, legen Sie Ihre Hände wie einen Stickrahmen um den Nähbereich und spannen den Stoff leicht. Steppen Sie mit versenktem oder abgedecktem Transporteur und abgesenktem Nähfuß, während Sie den Quilt locker aus den Handgelenken bewegen. Rhythmus und Tempo sollten möglichst gleich bleiben, damit die Stiche gleichmäßig lang werden. Wenn Sie die Position Ihrer Hände ändern wollen, unterbrechen Sie das Nähen und lassen Sie die Nadel im Stoff versenkt.

Maschinengesteuertes Quilten. Die Hände liegen links und rechts vom Nähfuß auf und halten den Stoff leicht straff.

Freies Maschinenquilten. Nähen Sie aus dem Handgelenk, während die Hände den Stoff wie ein Stickrahmen spannen.

Nähfuß. Die Wahl des Füßchens hängt davon ab, welche Quilttechnik Sie anwenden. Beim maschinengesteuerten Quilten leistet ein Obertransportfuß (oben rechts) anstelle des Mehrzweckfußes gute Dienste. Freies Maschinenquilten ist ganz ohne Nähfuß möglich, doch ist ein Stick- bzw. Stopffuß (links) hilfreich.

Maschinengesteuerte Quilttechniken

In-der-Naht-Quilten. Steppen Sie genau in der Nahtlinie, so daß die Stiche darin verschwinden.

Konturquilten. Steppen Sie 1/4" (6 mm) von der Naht entfernt, in einer Ecke beginnend.

Parallelquilten. Steppen Sie auf den vorgezeichneten Quiltlinien, beginnend an einer mittleren Linie.

Techniken für freies Maschinenquilten

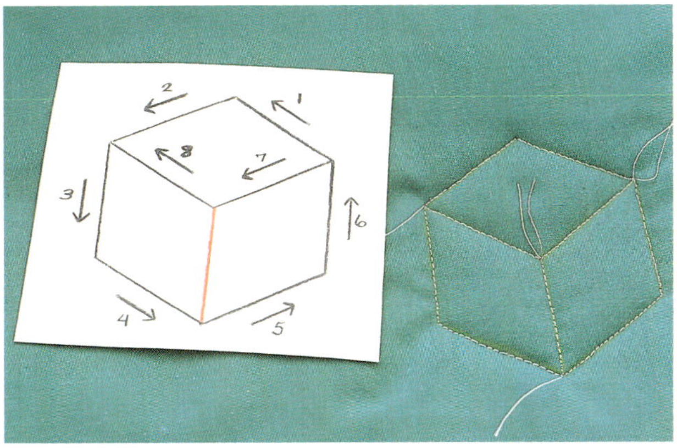

Einzelnes Schablonenmotiv. Suchen Sie die längstmögliche durchgehende Quiltlinie und steppen Sie diese zuerst. Fügen Sie die restlichen Linien einzeln an.

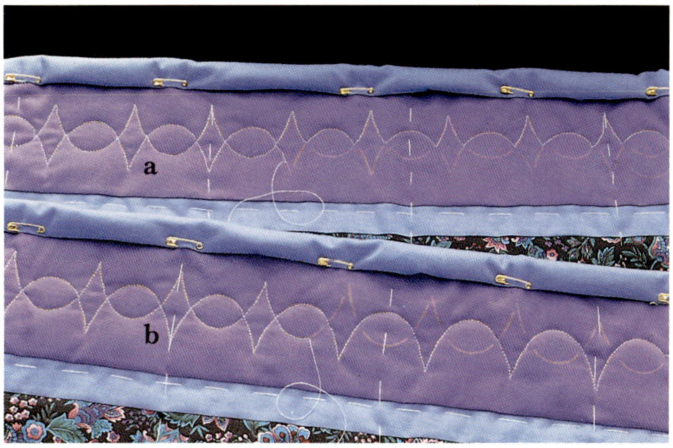

Fortlaufendes Schablonenmotiv. Steppen Sie das Motiv zuerst an einer Seite durchgehend jeweils bis zu den Schnittpunkten (**a**). Oder wählen Sie die durchgehende Linie, die die Verbindungspunkte in der Mitte kreuzt (**b**). Dann zurück und die zweite Linie steppen.

Konturquilten. Steppen Sie im Abstand von 1/4" (6 mm) von der Naht entfernt; beginnen Sie in einer Ecke.

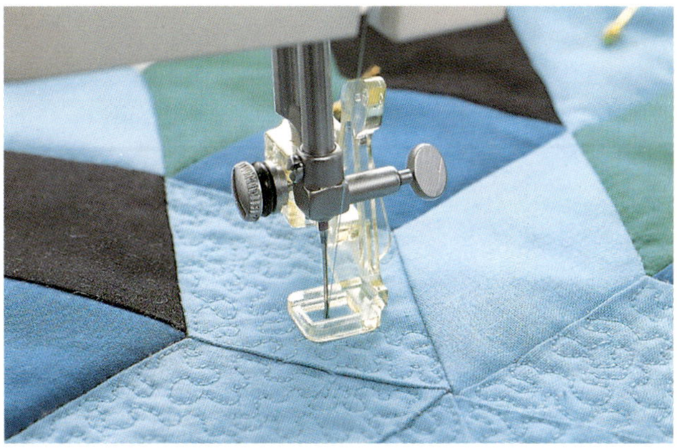

Flächenquilten. Füllen Sie den Hintergrund mit zufälligen Kurvenlinien, ohne daß sich diese kreuzen. Arbeiten Sie in kleinen Abschnitten, in den Ecken beginnend, zur Mitte hin. Achten Sie auf eine gleichmäßige Dichte der Quiltlinien.

Einen Quilt einfassen

Eine doppelt gelegte Einfassung, im geraden Fadenlauf zugeschnitten, ergibt einen haltbaren Kantenabschluß. Sie kann aus demselben Stoff wie die Randstreifen geschnitten sein oder aus einem anderen, farblich passenden Stoff.

Zwei Breiten sind gebräuchlich. Entweder die normale Einfassung von 1/2" (1,3 cm) Endbreite oder eine schmale Einfassung von 3/8" (1 cm) Breite. Meist wird die erstere für Quilts verwendet. Schneiden Sie dafür die Stoffstreifen 2 1/2" (6,5 cm) breit zu. Die schmale Einfassung wird für kleine Quilts verwendet, wie z. B. Wandbehänge von 36" (91 cm) oder kleiner. Schneiden Sie den schmalen Stoffstreifen 2" (5 cm) breit.

Der Einfaßstreifen wird im Querfadenlauf geschnitten und zur benötigten Länge zusammengesetzt. Um den Stoffverbrauch zu ermitteln, messen Sie die Außenkanten des Quilts, addieren die Maße und zählen 8" (20,5 cm) dazu. Berücksichtigen Sie auch die Nahtzugaben, wenn der Streifen zusammengesetzt werden muß. Dividieren Sie diese Zahl durch 40" (102 cm) Nutzbreite des Stoffs und multiplizieren Sie das Ergebnis mit der Zuschneidebreite der Einfassung.

Eine doppelte Einfassung nähen

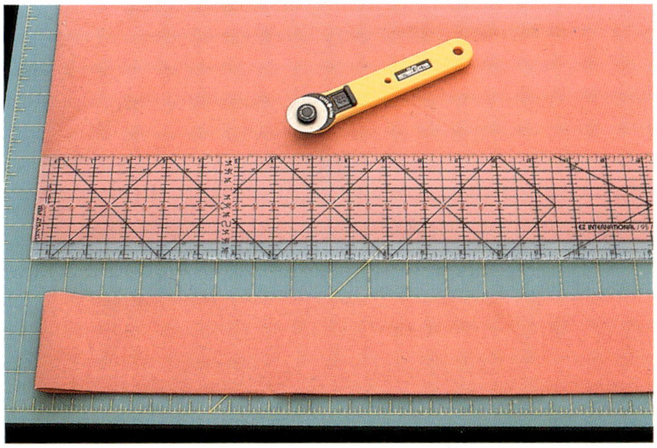

1) **Falten** Sie den Stoff entlang des Längsfadenlaufs zur Hälfte (s. Seite 12). Schneiden Sie für eine normale Einfassung 2 1/2" (6,5 cm) breite Streifen quer ab, oder 2" (5 cm) breite Streifen für die schmale Einfassung.

2) **Stecken** Sie die Streifen, rechts auf rechts, im rechten Winkel zusammen, falls sie aneinandergenäht werden müssen. Die Streifen bilden ein „V". Nähen Sie diagonal über die Ecke der zusammengelegten Streifen.

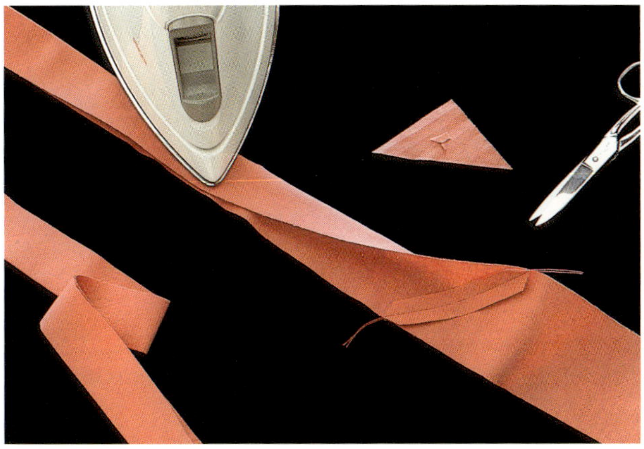

3) **Schneiden** Sie die Nahtzugaben auf 1/4" (6 mm) zurück und bügeln Sie sie auseinander. Überstehende Ecken abschneiden. Dann den Stoffstreifen der Länge nach zur Hälfte bügeln, rechte Stoffseite nach außen.

4) **Messen** Sie die Quiltoberseite quer durch die Mitte. Zwei Streifen dieser Länge plus 2" (5 cm) zuschneiden und jeweils 1" (2,5 cm) von den Enden her mit Stecknadeln markieren. Teilen Sie die Strecke zwischen den Stecknadeln in Viertel. Vierteln Sie auch die Quiltkante.

5) **Legen** Sie den Einfaßstreifen an die Oberkante der Quiltoberseite, Kanten und Stecknadeln aufeinandertreffend. Der Streifen steht an jedem Ende 1" (2,5 cm) über. Feststecken, dabei überschüssige Stoffweite gleichmäßig verteilen.

6) **Nähen** Sie die Einfassung im Abstand von 1/4" (6 mm) von der Stoffkante fest.

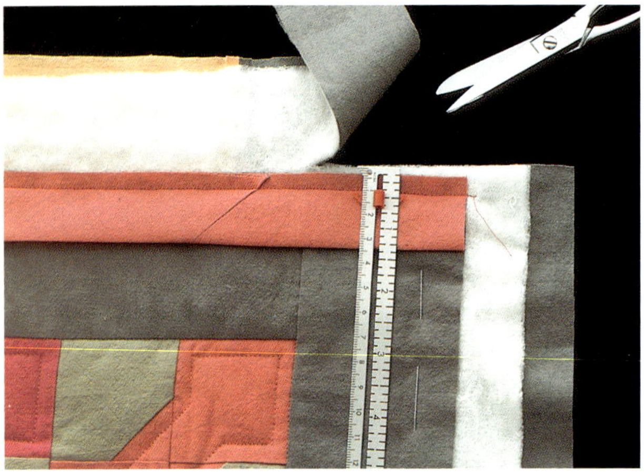

7) **Schneiden** Sie überstehende Füllung und Rückseitenstoff gleichmäßig bis 1/2" (1,3 cm) an die Naht zurück, bzw. bis 3/8" (1 cm) für eine schmale Einfassung.

8) **Schlagen** Sie die Einfassung eng um die Quiltkante nach hinten, so weit, daß die rückwärtige Naht verdeckt ist. Im Falz der vorderseitigen Naht feststecken.

9) **Nähen** Sie in der Naht auf der Vorderseite des Quilts, wobei Sie die Kante der Einfassung auf der Rückseite mitfassen. Durchsichtiges Nylongarn ergibt kaum sichtbare Nähte.

10) **Wiederholen** Sie Punkt 5–9 für die untere Quiltkante. Schneiden Sie die Enden der festgenähten oberen und unteren Einfassung bis zur Quiltkante ab.

11) **Wiederholen** Sie Punkt 4–7 für die beiden Längsseiten des Quilts. Bei Punkt 4 längs durch die Mitte messen. Enden so abschneiden, daß sie 1/2" (1,3 cm) über den Quilt hinausragen.

12) **Falten** Sie die Enden der Einfassung nach innen. Bügeln. Schlagen Sie den Einfaßstreifen um die Kante und nähen Sie genau in der Naht, wie in Punkt 8 und 9. Ecken mit Überwendlingsstichen schließen.

Einen Quilt aufhängen

Soll ein Quilt als Wandbehang dienen, muß sein Gewicht gleichmäßig verteilt werden. Nähen Sie einen Stoffschlauch an die Rückseite des Quilts und schieben Sie einen lackierten Holzstab hindurch. Damit der Quilt nicht ausbleicht oder der Stoff brüchig wird, sollten Sie ihn auf gar keinen Fall direktem Sonnenlicht oder hellem Kunstlicht aussetzen. Von Zeit zu Zeit können Sie ihn mit dem Staubsauger reinigen.

Eine Quiltaufhängung nähen

1) **Schneiden** Sie ein Stück gewaschenen Nessels zu, 10" (25,5 cm) breit und so lang, wie der Quilt breit ist. Die kurzen Enden doppelt einschlagen und säumen.

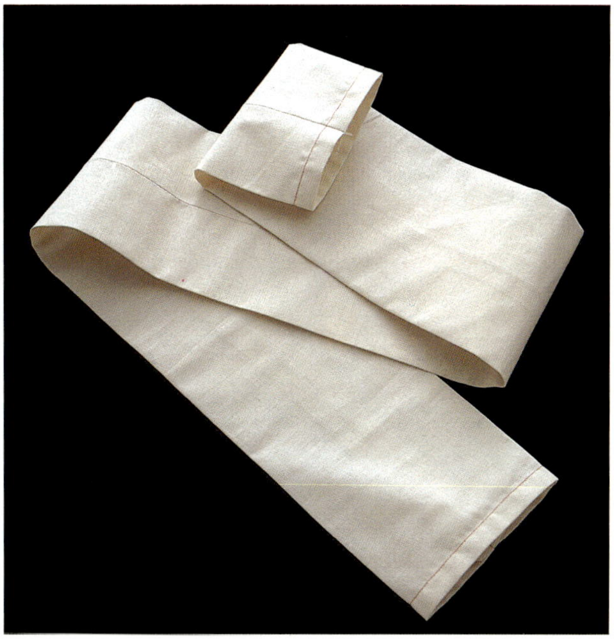

2) **Nähen** Sie die Längskanten des Streifens rechts auf rechts zusammen. Nahtzugaben auseinanderbügeln. Schlauch wenden, Naht zur Mitte schieben und flachbügeln.

3) **Stecken** Sie den Schlauch oben an die Rückseite des Quilts. Nähen Sie ihn, durch Vlies und Rückseitenstoff hindurch, an Ober- und Unterkante von Hand fest.

4) **Sägen** Sie ein Stück Holzlatte so zurecht, daß sie 1/2" (1,3 cm) kürzer als der Quilt breit ist. Befestigen Sie die Latte mit Schrauben oder Nägeln an der Wand.

Quiltprojekte

Pine Trees – Pinien

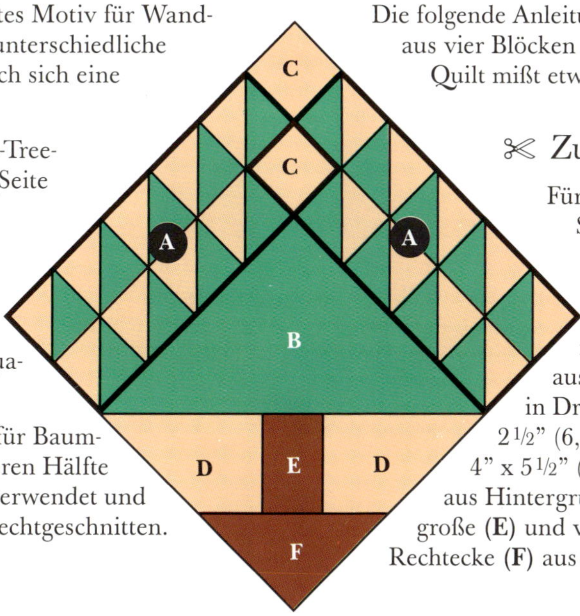

Der Pine-Tree-Block ist ein beliebtes Motiv für Wandbehänge. Die Blöcke können auf unterschiedliche Weise angeordnet werden, wodurch sich eine Vielzahl von Variationen ergibt.

Für die Dreiecksquadrate im Pine-Tree-Block wurde die Rastermethode (Seite 44) angewendet, bei der in einem Arbeitsgang genäht und zugeschnitten wird. Ein Dreiecksquadrat besteht aus zwei Dreiecken, die an ihrer langen Seite zusammengesetzt sind und ein Quadrat ergeben.

Der Einfachhheit halber wurden für Baumstamm und Wurzelteil in der unteren Hälfte des Blocks rechteckige Stoffteile verwendet und danach auf die richtige Größe zurechtgeschnitten.

Die folgende Anleitung gilt für einen Wandbehang aus vier Blöcken zu je 12" (30,5 cm). Der fertige Quilt mißt etwa 24" (61 cm) im Quadrat.

✂ Zuschneiden

Für die Rastermethode benötigen Sie je ein 18" (46 cm) großes Quadrat aus Hintergrundstoff und dem Baum-Stoff **(A)**. Schneiden Sie: Zwei Quadrate mit 8 7/8" (22,8 cm) Kantenlänge aus Baum-Stoff und diese diagonal in Dreiecke **(B)**; acht Quadrate mit 2 1/2" (6,5 cm) Kantenlänge **(C)** und acht 4" x 5 1/2" (10 x 14 cm) große Rechtecke **(D)** aus Hintergrundstoff; vier 2" x 4" (5 x 10 cm) große **(E)** und vier 3" x 5" (7,5 x 12,5 cm) große Rechtecke **(F)** aus Baumstamm-Stoff.

Sie benötigen

1/2 yd. (0,50 m) Stoff für die Baumkrone.
1/2 yd. (0,50 m) Stoff für den Hintergrund.
1/4 yd. (0,25 m) Stoff für Stamm und Wurzelteil.
3/4 yd. (0,70 m) Rückseitenstoff.
3/8 yd. (0,35 m) Stoff für die Einfassung.
Vlieseinlage: etwa 28" (71 cm) im Quadrat.

Block-Anordnungen

Ein Sägezahnmuster ergibt sich, wenn die Baumkronen zur Quiltmitte zeigen.

Wie Strahlen wirken die Baumkronen, wenn die Wurzeln zur Quiltmitte zeigen.

Dreiecksquadrate nach der Rastermethode anfertigen

1) **Schneiden** Sie aus zwei verschiedenen Stoffen je ein großes Quadrat oder Rechteck. Zeichnen Sie auf die linke Seite des helleren Stoffs ein Raster aus Quadraten, die 7/8" (2,2 cm) größer sein müssen als die fertigen Dreiecksquadrate. Jedes Quadrat gibt zwei Dreiecksquadrate.

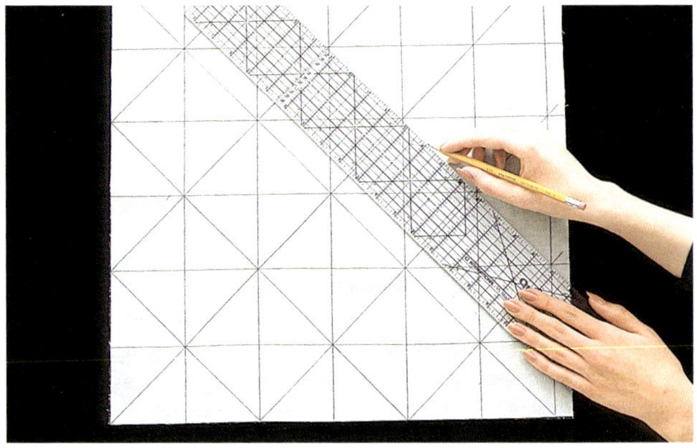

2) **Zeichnen** Sie Diagonallinien durch die Quadrate, erst in einer Richtung, dann weitere Diagonalen in der anderen Richtung, wie im Bild gezeigt. Durch jedes Quadrat führt eine Diagonale.

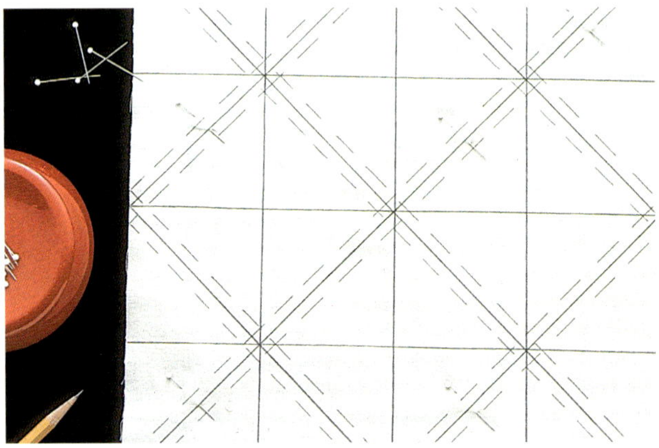

3) **Stricheln** Sie alle Nahtlinien 1/4" (6 mm) von den Diagonallinien entfernt ein. Stecken Sie die beiden Stoffe rechts auf rechts zusammen.

4) **Nähen** Sie auf allen gestrichelten Linien die Stofflagen zusammen. Danach schneiden Sie auf den durchgezogenen Linien die Dreiecke aus. Durch Auseinanderbügeln (Nahtzugaben zur dunklen Seite hin) entstehen die Dreiecksquadrate. Überstehende Ecken abschneiden.

Einen Pine-Trees-Wandbehang nähen

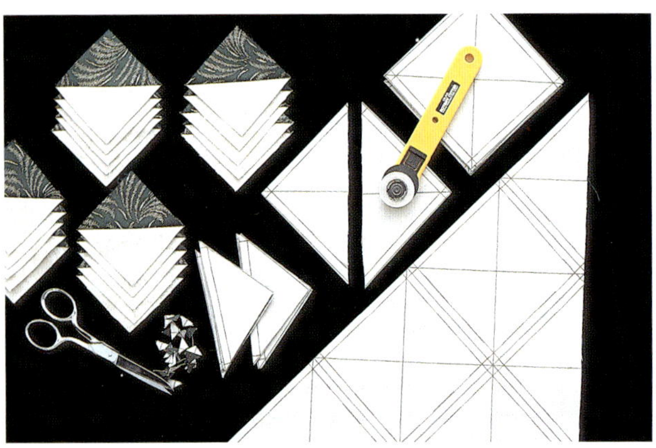

1) **Fertigen** Sie 72 Dreiecksquadrate aus zwei 18" (46 cm) großen Stoffquadraten, wie oben in Punkt 1–4 beschrieben. Bei Punkt 1 zeichnen Sie Quadrate von 2 7/8" (7,2 cm) auf, sechs waagerecht, sechs senkrecht.

2) **Nähen** Sie die kurzen Seiten von zwei 4" x 5 1/2" (10 x 14 cm) großen Rechtecken aus Hintergrundstoff an die beiden langen Seiten des Baumstamm-Rechtecks (2" x 4" / 5 x 10 cm), rechts auf rechts, Kanten aufeinanderliegend.

3) **Nähen** Sie eine lange Kante des 3" x 5" (7,5 x 12,5 cm) großen Wurzelteil-Rechtecks genau an die Mitte der Unterkante des Baumstamm-Rechtecks. Nahtzugabe zum Wurzelteil bügeln.

4) **Nähen** Sie das große Dreieck aus Baum-Stoff rechts auf rechts an der Oberkante des Wurzel-Rechtecks an, Kanten genau aufeinander. Den überstehenden Stoff von Hintergrund und Wurzelteil entlang der Kanten des Dreiecks abschneiden, wie gezeigt. Nahtzugabe zum dunkleren Stoff bügeln.

5) **Nähen** Sie zwei Reihen aus je vier Dreiecksquadraten, wie abgebildet. Dann die beiden Reihen aneinandernähen und wie gezeigt an das große Dreieck anfügen.

6) **Nähen** Sie zwei weitere Reihen aus den Dreiecksquadraten, mit je einem Quadrat aus Hintergrundstoff, wie im Bild. Reihen zusammen- und dann an die andere Seite des Dreiecks nähen. Die Quadrate aus Hintergrundstoff liegen an der Baumspitze.

7) **Wiederholen** Sie Punkt 2–6 für drei weitere Blöcke. Ordnen Sie die Blöcke nach Ihren Vorstellungen an. Nähen Sie je zwei Blöcke zu einer Reihe und fügen Sie dann die beiden Reihen zusammen. Die Quiltoberseite bügeln.

8) **Schneiden** Sie ein 28" (71 cm) großes Quadrat aus Rückseitenstoff zu. Bügeln. Montieren und heften Sie Quiltoberseite, Vlies und Rückseite (Seiten 26 und 27).

9) **Steppen** (Seiten 28–35). Die Einfassung schneiden (2 1/2" bzw. 6,5 cm breit) und nähen (Seite 37). Aufhängetunnel anfertigen (Seite 39). Wollen Sie den Quilt an der Spitze aufhängen, einen zweiten Tunnel an die angrenzende Seite nähen.

Pine-Trees-Variationen

Wenn man, wie im Bild oben, an die Kanten der fertigen Pine-Tree-Blöcke Dreiecke näht, erhält man Blöcke mit senkrecht stehenden Bäumen; die neuen Blöcke sind dann 17" x 17" (43 x 43 cm) groß. Für die Eck-Dreiecke schneiden Sie 9³/8" (25 cm) große Quadrate aus viererlei Stoff und teilen diese diagonal. Für jeden Block nimmt man von jeder Stoffart je ein Dreieck.

Der abgebildete Quilt besteht aus 16 Blöcken, vier quer und vier längs. Mit einem 4" (10 cm) breiten Rand mißt der fertige Quilt etwa 76" (193 cm) im Quadrat, eine passende Größe für einen Bettüberwurf.

Das-Pine-Tree-Muster eignet sich gut als Jahreszeitenthema. Nähen Sie z. B. einen Quilt mit Weihnachtsstoffen oder verwenden Sie Farbkombinationen passend für einen Frühlings-, Sommer- oder Winterquilt. Oder Sie kombinieren alle vier Jahreszeiten zu einem Quilt für das ganze Jahr.

Der Name „Pine Trees" muß jedoch nicht unbedingt heißen, daß die Bäume als solche zu erkennen sind. Durch den gezielten Einsatz ungewöhnlicher Farben und eine entsprechende Anordnung der Blöcke kann z. B. die Quiltoberseite wie ein strahlender Stern aussehen.

Vier-Jahreszeiten-Quilt (links). Verwenden Sie für jeden Block vier verschiedene Farbtöne. Zwischenstreifen (Seiten 20–22) trennen die Blöcke optisch voneinander, die Umrandung mit gerade angesetzten Ecken rahmt die Patchworkoberseite ein. Für die 18 Dreiecksquadrate der einzelnen Blöcke wenden Sie die Rastermethode an (Seite 44). Zeichnen Sie die Linien mit 2 7/8" (7,2 cm) Abstand ein, drei Quadrate quer und drei längs auf ein 9" (23 cm) großes Stück Stoff.

Strahlen-Quilt (rechts). Durch die Anordnung der Blöcke und Verwendung außergewöhnlicher Farben wird dieser Strahleneffekt erzielt. Für die 16 Dreiecksquadrate der inneren Reihe zeichnen Sie das 2 7/8" (7,2 cm)-Liniennetz, je vier Quadrate quer und längs, auf einen 15" x 12" (38 x 30,5 cm) großen Stoff.

Weihnachts-Quilt (links). Weihnachtsstoffe sind das richtige für einen weihnachtlich-festlichen Wandbehang. Ein Rand mit geraden Ecken (Seiten 20–22) umrahmt den Quilt. Die Dreiecksquadrate werden nach der Rastermethode angefertigt, wie für den Strahlen-Quilt oben.

Bow Ties – Krawattenschleifen

Bow Ties ist ein vielseitiges Blockmuster, das verschiedene Arrangements erlaubt. Hier wird der Bow-Ties-Block in vier verschiedenen Anordnungen gezeigt. Meist wird er in Reihen so angeordnet, daß jeder Bow Tie in dieselbe Richtung zeigt (linke Seite). Wie die untenstehenden Beispiele zeigen, können die Blöcke aber auch zu einem Zickzack- oder einem Achteckmuster angeordnet werden. Oder man „baut“ – aus versetzten Reihen – eine Treppe.

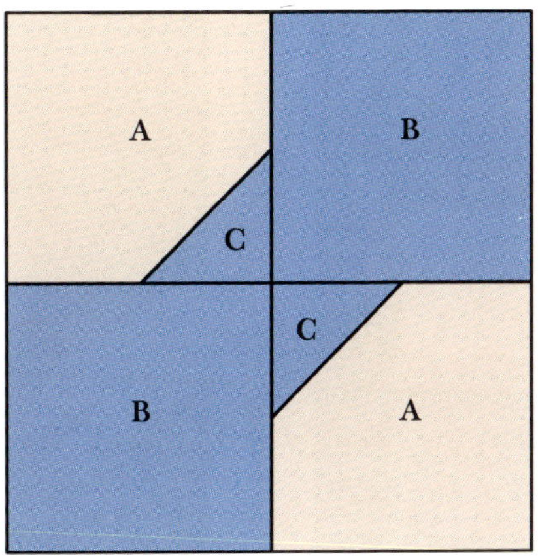

Traditionell werden für einen Bow-Ties-Quilt Schablonen verwendet; doch gibt es heute eine vereinfachte Methode, mit der rationelles Zuschneiden und Kettennähen möglich ist. Die Schnellmethode für einen einzelnen Bow-Ties-Block wird auf Seite 50 erklärt. Durch Kettennähen können Sie bei der „Serienanfertigung“ von ausreichend Blöcken für einen ganzen Quilt viel Zeit sparen.

Die folgende Arbeitsanleitung gilt für einen Wandbehang aus 62 Blöcken mit 4" (10 cm) Kantenlänge. Der fertige Quilt mißt etwa 37" (94 cm) im Quadrat.

✂ Zuschneiden

Für jeden Block benötigt man zwei 2 1/2" (6,5 cm) große Quadrate aus Hintergrundstoff **(A)** und zwei ebenso große Quadrate aus dem Stoff für die Schleifen bzw. Bow Ties **(B)**, welche Sie aus 2 1/2" (6,5 cm) breiten Streifen schneiden. Außerdem brauchen Sie für jeden Block zwei 1 1/2" (3,8 cm) große Quadrate aus Bow-Ties-Stoff, aus denen die dreieckigen Anschlußstücke entstehen **(C)**. Schneiden Sie diese Quadrate aus 1 1/2" (3,8 cm) breiten Stoffstreifen.

Der Bow-Ties-Quilt besteht aus je 16 Blöcken von jeder der vier Bow-Tie-Farben. Schneiden Sie acht 2 1/2" (6,5 cm) breite Streifen aus Hintergrundstoff und schneiden Sie jeden Streifen in Quadrate, bis Sie 128 Hintergrundquadrate haben. Nun schneiden Sie aus jeder der vier Bow-Ties-Stoffe zwei 2 1/2" (6,5 cm) breite Streifen und daraus jeweils 32 Quadrate, dann nochmals aus jedem Bow-Ties-Stoff zwei 1 1/2" (3,8 cm) breite Streifen und daraus wiederum 32 Quadrate.

Sie benötigen

3/8 yd. (0,35 m) von jedem der vier Bow-Ties-Stoffe.

3/4 yd. (0,70 m) Hintergrundstoff.

3/4 yd. (0,70 m) Stoff für Rand und Einfassung.

1 1/4 yd. (1,15 m) Rückseitenstoff.

Vlieseinlage: etwa 41" (104 cm) im Quadrat.

Verschiedene Block-Anordnungen

Zickzackmuster. Die Quiltblöcke zeigen abwechselnd in die jeweils andere Richtung.

Achteckmuster. Es entsteht, wenn die Blöcke zu Vierergruppen zusammengesetzt werden.

Versetzte Reihen. Werden die Block-Reihen versetzt zusammengenäht, entstehen Diagonalen.

1) **Legen** Sie ein 1½" (3,8 cm) großes Quadrat in eine Ecke eines Hintergrundquadrats, rechts auf rechts, Kanten aufeinander. Nähen Sie diagonal über das kleine Quadrat, wie gezeigt. Ein zweites solches Quadrat nähen.

2) **Bügeln** Sie das kleine Quadrat entlang der Nählinie zur Hälfte, so daß die Kanten am großen Quadrat anliegen. Beide Stofflagen unter der genähten Ecke bis auf die ¼" (6 mm) Nahtzugabe zurückschneiden.

3) **Nähen** Sie jedes der zusammengesetzten Quadrate an eines der entsprechenden Quadrate aus Bow-Ties-Stoff. So erhalten Sie zwei halbe Blockeinheiten.

4) **Nähen** Sie die beiden Einheiten so zusammen, daß ein Bow Tie entsteht. Vorher die mittleren Nahtzugaben mit den Fingern in entgegengesetzte Richtungen drücken.

1) **Setzen** Sie die Blöcke für jede Farbe zusammen (linke Seite, Punkt 1–4); für das versetzte „Treppen"-Muster (Seite 49) arbeiten Sie zwei *halbe* Blöcke jeder Farbe (linke Seite, Punkt 1–3).

2) **Arrangieren** Sie die Blöcke, acht quer und acht längs, zu einem der auf den Seiten 48–49 gezeigten Muster. Für die versetzte Anordung müssen Sie die *halben* Blöcke oben bzw. unten mit anordnen.

3) **Nähen** Sie die Blöcke zu Reihen, dann die Reihen zusammen. Drükken Sie die Nahtzugaben in entgegengesetzte Richtungen. Die Oberseite bügeln. Schneiden Sie 3" (7,5 cm) breite Randstreifen und nähen Sie sie an (Seiten 20–25).

4) **Schneiden** Sie den Rückseitenstoff 4" (10 cm) größer zu als die Quiltoberseite. Bügeln. Montieren und heften Sie Quiltoberseite, Vlies und Rückseite (Seiten 26 und 27).

5) **Steppen** Sie die gewünschten Quiltlinien (Seiten 28–35). Zum Schluß den Quilt mit 2 1/2" (6,5 cm) breiten Streifen einfassen. Für die Aufhängung einen Stoffschlauch auf die Rückseite nähen (Seite 39).

Bow-Ties-Variationen

Je nach Stoff- und Farbwahl kann die Wirkung eines Bow-Ties-Quilts verblüffend unterschiedlich sein. Stoffe mit typischen Krawattenmustern verleihen dem Quilt etwas „Authentisches". Farben in Amish-Tradition ergeben einen kräftigen, leuchtenden Effekt, während sanfte Farben in feinen Abstufungen für eine eher „gedämpfte" Wirkung sorgen. Einen sehr abwechslungsreichen Quilt erhalten Sie, wenn Sie für jeden Block Stoffreste in verschiedensten Farben und Strukturen verwenden.

Baumwolldrucke, die Krawatten- oder Hemdenstoffen ähneln, ergeben ein Quiltmuster, das an traditionelle Herrenkleidung erinnert. Als Hintergrund in diesem Quilt wurde ein altmodischer Karostoff verwendet.

Amish-Farben in Verbindung mit dem traditionellen Muster lassen den Quilt wie ein altes Erbstück wirken. Einer Regel der Amish-Tradition folgend, nach welcher nichts ganz perfekt sein darf, wurde hier einer der Blöcke in die entgegengesetzte Richtung gedreht.

Stoffreste, mit Nessel als Hintergrundstoff, können zu einem sehr variationsreichen Quilt verarbeitet werden. Das Achteckmuster wird von schmalen Zwischenstreifen unterbrochen.

Warme Farbtöne in sanften Abstufungen ergeben eine harmonische Gesamtwirkung. Fertigen Sie eine Zeichnung Ihres Quilts an, um die Anzahl der Blöcke pro Farbe vorher festlegen zu können.

Houses – Häuser

Bilder-Patchworkquilts mit Häusern gibt es etwa seit Beginn des 19. Jahrhunderts. Sie sind auch heute noch sehr beliebt, denn das Muster ist überaus vielseitig. Die hier gezeigte Version eines traditionellen Haus-Blocks ist ebenso schnell und einfach zuzuschneiden wie zu nähen.

Je nach Farbauswahl können Sie die Häuser in einer nächtlichen Szenerie entstehen lassen, wie bei dem Quilt auf der Seite links. Hier wurden für die Häuser und den Himmel dunkle Stoffe gewählt, während leuchtendes Gelb Fenster und Türen erhellt. Bevorzugen Sie eine „Tageslicht-Version“, wählen Sie helle Farben für Häuser und Himmel und Schwarz für Fenster und Türen, wie bei dem Quilt auf Seite 59.

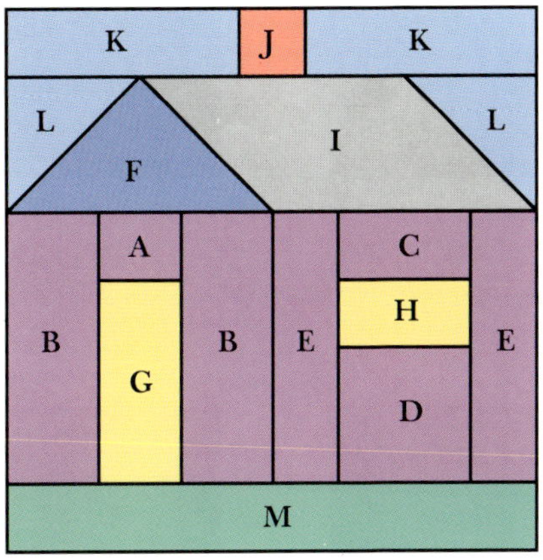

Die folgende Arbeitsanleitung gilt für einen Wandbehang aus neun 8"-(20,5 cm)-Blöcken. Zwischenstreifen mit Eckquadraten umrahmen die Blöcke und verbinden das Gesamtdesign. Der fertige Quilt, inklusive einer Umrandung mit geraden Ecken, mißt 36" (91,5 cm) im Quadrat.

✄ Zuschneiden

Schneiden Sie die benötigte Anzahl von Teilen für jeden der neun Blöcke zu, verwenden Sie dafür die Maße der untenstehenden Tabelle. Aus jedem der drei Stoffe für die Häuser schneiden Sie drei Haus- und Giebelteile für drei Haus-Blöcke, so daß Sie neun verschieden kombinierte Blöcke erhalten.

Pro Block zuzuschneiden:

	Teil	Anzahl und Größe
Haus	A B C D E	Ein 1½" x 1¾" (3,8 x 4,5 cm) großes Rechteck. Zwei 1⅞" x 4½" (4,7 x 11,5 cm) große Rechtecke. Ein 1½" x 2½" (3,8 x 6,5 cm) großes Rechteck. Ein 2½" x 2½" (6,5 cm) großes Quadrat. Zwei 1½" x 4½" (3,8 x 11,5 cm) große Rechtecke.
Giebel	F	Ein 5¼" x 5¼" (13,2 cm) großes Quadrat, 2 x diagonal in beiden Richtungen geviertelt. Nehmen Sie ein Dreieck pro Block.
Tür	G	Ein 1¾" x 3½" (4,5 x 9 cm) großes Rechteck.
Fenster	H	Ein 1½" x 2½" (3,8 x 6,5 cm) großes Rechteck.
Dach	I	Ein Parallelogramm (Seite 56) aus einem 2½" (6,5 cm) breiten Streifen.
Schornstein	J	Ein 1½" x 1½" (3,8 cm) großes Quadrat.
Himmel	K L	Zwei 1½" x 4" (3,8 x 10 cm) große Rechtecke. Ein 2⅞" x 2⅞" (7,2 cm) großes Quadrat, diagonal in zwei Dreiecke geteilt.
Grund	M	Ein 1½" x 8½" (3,8 x 21,8 cm) großes Rechteck.

Sie benötigen:

⅜ yd. (0,35 m) Stoff in jeder der drei Farben für Häuser und Giebel.

⅛ yd. (0,15 m) Stoff für Türen und Fenster.

⅛ yd. (0,15 m) Stoff für die Dächer.

⅛ yd. (0,15 m) Stoff oder Stoffreste in den Farben für Schornsteine, Himmel und Grund.

⅓ yd. (0,32 m) Stoff für die 1½" (3,8 cm) breiten Zwischenstreifen.

½ yd. (0,50 m) Stoff für den 3" (7,5 cm) breiten Randstreifen.

⅓ yd. (0,32 m) Stoff für die Einfassung.

1⅛ yd. (1,05 m) Rückseitenstoff.

Vlieseinlage: etwa 40" (102 cm) im Quadrat.

1) **Schneiden** Sie vom Dach-Stoffstreifen eine Ecke im 45°-Winkel ab. Legen Sie die 3 1/4"-(8,2 cm)-Markierung des Lineals an der Schräge an und schneiden Sie ein Parallelogramm. Acht weitere Dächer zuschneiden.

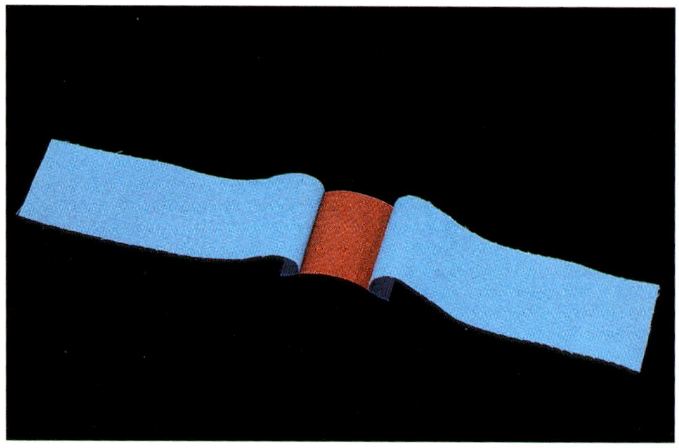

2) **Nähen** Sie die beiden Streifen für den Himmel rechts und links an das Quadrat aus Schornstein-Stoff.

3) **Nähen** Sie den Giebel, wie abgebildet, an das Dach; die Farbe für den Giebel sollte sich von der Farbe für das Haus selbst abheben. Drücken Sie die Nahtzugaben mit den Fingern zum Dach-Teil hin.

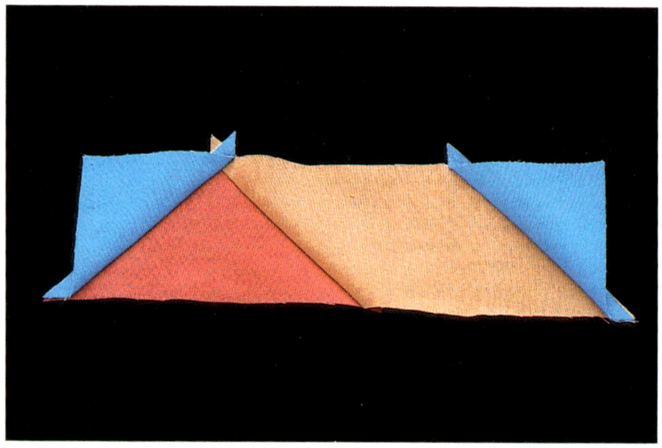

4) **Nähen** Sie die lange Kante des ersten Himmel-Dreiecks an eine Seite des Dachs und die lange Seite des zweiten Dreiecks an den Giebel. Nahtzugaben zum Himmel hin drücken und deren überstehende Spitzen abschneiden.

5) **Nähen** Sie das 1 1/2" x 1 3/4" (3,8 x 4,5 cm) große Rechteck aus Haus-Stoff über die Tür und je eines der 1 7/8" x 4 1/2" (4,7 x 11,5 cm) großen Rechtecke aus Haus-Stoff rechts und links des zusammengesetzten Tür-Mittelteils an.

6) **Nähen** Sie das 1 1/2" x 2 1/2" (3,8 x 6,5 cm) große Rechteck über das Fenster und das 2 1/2" (6,5 cm) große Quadrat darunter. Nähen Sie je eines der 1 1/2" x 4 1/2" (3,8 x 11,5 cm) großen Rechtecke an jede Seite des zusammengesetzten Fenster-Mittelteils.

7) **Nähen** Sie die jeweils zusammengesetzte Türfront und die Hausseite aneinander. Dann fügen Sie den Dach/Giebel/Himmel- und den Himmel/Kamin-Streifen oben und den Grund-Streifen unten an. Den fertigen Block bügeln.

8) **Wiederholen** Sie Punkt 2–7 für die restlichen Blöcke. Legen Sie je drei fertige Blöcke zu einer Reihe.

9) **Schneiden** Sie Zwischenstreifen mit Eckquadraten zu (Seite 19) und nähen Sie sie an die Blöcke. Sie benötigen 24 Streifen von 2" (5 cm) Breite und sechzehn 2" x 2" (5 cm) große Eckquadrate.

10) **Schneiden** Sie einen Randstreifen von 3 1/2" (9 cm) Breite und nähen Sie ihn rundherum an die Patchworkoberseite (Seiten 20–25).

11) **Schneiden** Sie den Rückseitenstoff zu, in einer Größe von 40" (102 cm) im Quadrat. Montieren und heften Sie Quiltoberseite, Vlies und Rückseite (Seiten 26 und 27).

12) **Quilten** Sie in der Naht (Seiten 34 und 35) um Blöcke, Zwischenstreifen und Randstreifen. Steppen Sie nach Belieben auch die Häuser. (Zur Verdeutlichung wurde hier farblich kontrastierendes Garn verwendet.) Bringen Sie die Einfassung an, Streifenbreite 2" (5 cm). Soll der Quilt aufgehängt werden, einen Stoffschlauch (Seite 39) annähen.

Häuser-Variationen

Patchworkhäuser bieten viel Raum zum Experimentieren mit Strukturen und Farben von Stoffen. Durch die gezielte Auswahl können Sie z. B. die Stimmung einer Tages- oder Jahreszeit einfangen, aber auch das Charakteristische eines bestimmten Haustyps unterstreichen.

Leuchtende Buntstiftfarben sind ideal für einen fröhlich-bunten Quilt fürs Kinderzimmer. Der oben abgebildete große Bettüberwurf besteht aus 48 Blöcken, sechs quer und acht längs. Die Größe des fertigen Quilts, inklusive einer 3 1/2" (9 cm) breiten Umrandung, beträgt etwa 65 1/2" x 85 1/2" (167 x 217 cm).

Mit Applikationen, Stickereien, Knöpfen und anderen Verzierungen können Sie den Patchworkhäusern landschaftliche oder architektonische Details hinzufügen.

Häuser im Sonnenlicht – dieser Effekt entsteht durch helle Farben für die Häuser und Schwarz für Türen und Fenster.

Mit Spitzen, Bändern, Zierknöpfen und kleinen Applikationen können Sie den Häusern einen verspielten Anstrich geben.

Ocean Waves – Ozeanwellen

Ocean Waves ist ein traditionelles Muster, dessen Reihen aus Dreiecken die Illusion einer fließenden Bewegung vermitteln. Es sieht zwar schwierig aus, die Farbzusammenstellung für einen Ocean-Waves-Quilt zu planen, ist aber in Wirklichkeit ganz einfach.

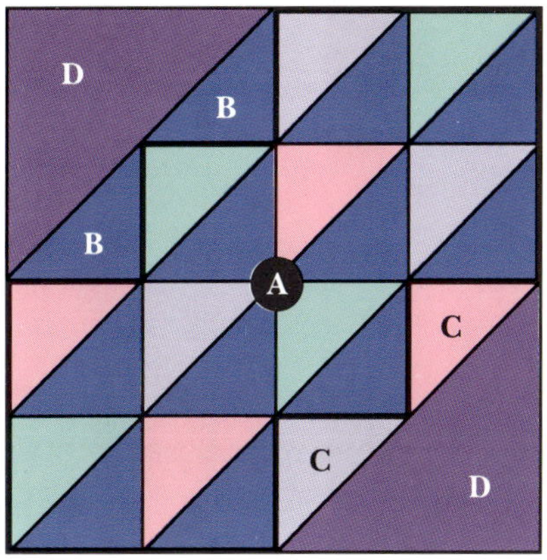

Der Wellen-Teil eines Blocks besteht aus zehn Dreiecksquadraten plus vier zusätzlichen kleinen Dreiecken. Zwei große Dreiecke in den sich gegenüberliegenden Ecken vervollständigen den Block. Für die Dreiecksquadrate wird am besten die Rastermethode (Seite 44) angewandt. Wenn Ihnen diese Methode noch nicht so geläufig ist, sollten Sie vielleicht zuerst z. B. einen kleinen Pine-Tree-Quilt (Seite 43) nähen, bevor Sie sich an das schwierigere Ocean-Waves- Muster heranwagen. Die großen Quadrate im fertigen Quiltdesign werden erst beim Zusammennähen der Blöcke, und zwar durch die großen Dreiecke, gebildet.

Für den Quilt auf der Seite links wählen Sie einen dunklen, einfarbigen Stoff für die jeweils dunkle Hälfte eines jeden Dreiecksquadrats. Diese Wiederholung gibt dem fertigen Quilt eine einheitliche Farbwirkung. Wählen Sie acht verschiedene helle, einfarbige Stoffe für die jeweils andere Hälfte der Dreiecksquadrate. Damit die Nähte in den großen Quadraten später nicht so auffallen, sollten Sie für die großen Dreiecke einen gemusterten Stoff verwenden.

Die folgende Arbeitsanweisung gilt für einen Wandbehang oder eine Kniedecke aus 24 Blöcken mit 8" (20,5 cm) Kantenlänge. Der fertige Quilt, mit zweifachem, gerade angesetzem Randstreifen, mißt etwa 40" x 56" (102 x 142 cm).

✂ Zuschneiden

Für die Dreiecksquadrate **(A)** schneiden Sie nach der Rastermethode acht 9 1/2" x 15" (24,3 x 38 cm) große Rechtecke aus dem dunklen Stoff und je eines in dieser Größe aus den hellen, einfarbigen Stoffen.

Schneiden Sie 24 Quadrate mit 2 7/8" (7,2 cm) Kantenlänge aus dem dunklen Stoff und halbieren Sie diese diagonal zu 48 kleinen Dreiecken **(B)**. Schneiden Sie aus den hellen Stoffen je drei 2 7/8" (7,2 cm) große Quadrate und halbieren Sie sie diagonal zu 48 weiteren kleinen Dreiecken **(C)**. Aus dem gemusterten Stoff schneiden Sie 24 Quadrate mit 4 7/8" (12,2 cm) Kantenlänge, die Sie dann diagonal in 48 große Dreiecke **(D)** teilen.

Sie benötigen

1 1/8 yd. (1,10 m) dunklen, einfarbigen Stoff für die dunklen Hälften der Dreiecksquadrate.

1/3 yd. (0,32 m) von jedem der acht hellen, einfarbigen Stoffe (oder acht „fat quarters" aus dem Patchworkgeschäft) für die anderen Hälften der Dreiecksquadrate.

1/2 yd. (0,50 m) gemusterten Stoff für die großen Dreiecke.

1/4 yd. (0,25 m) Stoff für einen 1" (2,5 cm) breiten inneren Rand.

2/3 yd. (0,63 m) Stoff für den 3" (7,5 cm) breiten äußeren Rand.

1/2 yd. (0,50 m) Stoff für die Einfassung.

2 1/2 yd. (2,30 m) Rückseitenstoff.

Vlieseinlage: etwa 44" x 60" (112 x 153 cm).

1) **Fertigen** Sie aus den 9 1/2" x 15" (24,3 x 38 cm) großen Rechtecken Dreiecksquadrate an, wie auf Seite 44, Punkt 1–4, beschrieben. Bei Punkt 1 zeichnen Sie das Gitter in 2 7/8" (7,2 cm) Abstand, fünf Quadrate quer und drei längs. Stapeln Sie die Dreiecke nach Farben.

2) **Nähen** Sie die Dreiecksquadrate und die kleinen Dreiecke zu vier Reihen, wie abgebildet; nehmen Sie dazu ein Dreiecksquadrat von jedem Stapel, von zwei Farben jedoch jeweils zwei. So werden die Farben innerhalb des Blocks gleichmäßig verteilt.

3) **Nähen** Sie die Reihen zusammen, wie im Bild gezeigt, und drücken Sie die Nahtzugaben mit den Fingern in entgegengesetzte Richtungen. Nicht bügeln.

4) **Nähen** Sie je ein großes Dreieck an die beiden diagonalen Kanten der mittleren Einheit, ohne die Kanten zu dehnen. Den fertigen Block bügeln, Nahtzugaben in Richtung der Dreiecke. Überstehende Ecken der Nahtzugaben abschneiden.

5) **Wiederholen** Sie Punkt 2–4 für die restlichen Blöcke. Wechseln Sie wie zufällig die Farben der zwei Dreiecksquadrate, die pro Block doppelt vorkommen (s. Punkt 2). Legen Sie die Blöcke so zusammen, daß immer ein dunkles Dreieck neben ein helles zu liegen kommt.

6) **Nähen** Sie die Blöcke zu Reihen und dann die Reihen zusammen; Nahtzugaben immer in entgegengesetzte Richtungen drücken. Randstreifen annähen (s. S. 20–25). Schnittbreite des inneren Streifens ist 1½" (3,8 cm), die des äußeren 3½" (9 cm).

7) **Schneiden** Sie die Rückseite etwa 4" (10 cm) größer zu als die Oberseite. Montieren und heften Sie Quiltoberseite, Vlies und Rückseite (Seiten 26 und 27). Danach folgt das Quilten (Seiten 28–35).

8) **Schneiden** Sie 2½" (6,5 cm) breite Streifen für die Einfassung zu und nähen Sie sie rund um den Quilt an (Seite 37). Wird der Quilt als Wandbehang verwendet, nähen Sie einen Stoffschlauch an die Rückseite (Seite 39).

Ocean-Waves-Variationen

Am Ocean-Waves-Muster wird sehr deutlich, wie stark der Gesamteindruck durch verschiedene Farbkombinationen verändert werden kann. Ein „gedämpfter" Eindruck entsteht, wenn man in den Dreiecksquadraten helle, einfarbige Stoffe mit nur schwach kontrastierenden Farben kombiniert. Eine eher zufällig wirkende Anordnung erreichen Sie, indem Sie acht verschiedene helle und acht stark kontrastierende Stoffe für die kleinen Dreiecksquadrate im diagonal verlaufenden Mittelteil des Blocks verwenden.

Die großen Quadrate, die durch das Zusammensetzen der Blöcke entstehen, können auch aus verschiedenen Stoffen sein, wie dieser Quilt zeigt. Die kleinen Dreiecksquadrate bestehen hier aus je einem hellen und acht verschiedenen dunklen Stoffen.

Die sanften Farbabstufungen dieses Quilts wurden mit handgefärbten Stoffen erreicht. Ein helles Rosa kommt in allen Dreiecksquadraten vor, dazu werden acht verschiedene Rosa-, Flieder- und Blautöne als gegenüberliegende Farbe kombiniert. Der gemusterte Stoff vereint den Quilt zu einem harmonischen Ganzen, Flächenquilten bringt Struktur.

Die Kontrastwirkung wird durch je acht verschiedene helle und dunkle Stoffe in den Dreiecksquadraten erzeugt.

Baby Blocks – Würfel

Baby Blocks, auch Tumbling Blocks oder Building Blocks (Bauklötzchen) genannt, ermöglichen besondere optische Effekte, die durch die gezielte Anordnung von hellen, mittleren und dunklen Farbtönen entstehen. Werden die Blöcke so angeordnet, daß alle drei Farben immer gleich liegen, ergibt sich eine dreidimensionale Wirkung.

Baby Blocks bestehen aus je drei 60°-Rhomben. Mit Hilfe eines Easy Six®-Lineals, speziell für 60°-Rhomben entwickelt, ist rationelles Zuschneiden möglich. Dieses Lineal erspart Rechenarbeit und ist für mehrere Größen eingeteilt.

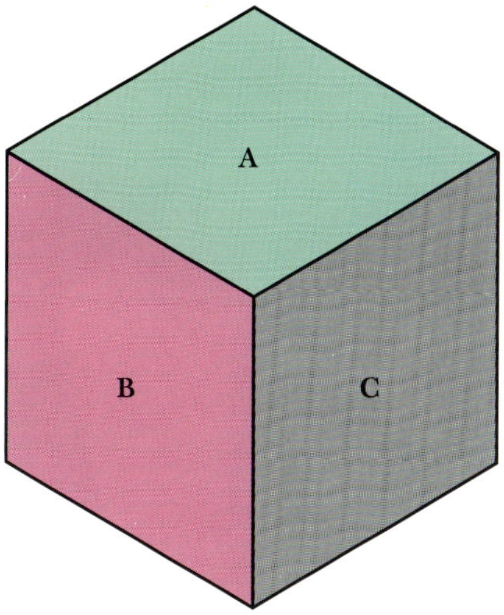

Je drei Rhomben werden zu einem Block genäht. Man fügt die Blöcke entlang der Seitenkanten zu Reihen aneinander, die anschließend zusammengenäht werden. Kettennähen ist bei diesem Patchworkmuster nicht möglich; jeder Block muß akkurat und Naht für Naht zusammengesetzt werden, die Anforderungen sind also etwas höher als bei anderen Quilts. Daher werden Baby Blocks meist für kleinere Projekte genommen, z. B. einen Wandbehang oder eine Babydecke.

Für Baby-Block-Quilts können Sie entweder nur drei Farben (hell, mittel und dunkel) wählen, oder auch für jeden Rhombus einen anderen Stoff.

Die folgende Arbeitsanleitung gilt für einen Quilt aus 2"-(5 cm)-Rhomben. Der fertige Quilt, mit gerade angesetztem, doppeltem Rand, mißt 25" x 40" (63,5 x 102 cm), die richtige Größe für einen Wandbehang oder eine Babydecke.

✂ Zuschneiden

Schneiden Sie 60°-Rhomben (unten) aus hellem Stoff **(A)**, mittlerem **(B)** und dunklem Stoff **(C)**. Benutzen Sie die Linealeinteilung für 2" (5 cm) Kantenlänge der Rhomben. Sie brauchen 66 helle, 55 mittlere und 55 dunkle Rhomben.

Sie benötigen

3/8 yd. (0,35 m) Stoff in je einer hellen, mittleren und dunklen Farbe, oder Stoffreste in hellen, mittleren und dunklen Farbtönen.

1/4 yd. (0,25 m) Stoff für den inneren Randstreifen.

1/2 yd. (0,50 m) Stoff für den äußeren Randstreifen.

3/8 yd. (0,35 m) Stoff für die Einfassung.

1 1/4 yd. (1,15 m) Rückseitenstoff.

Vlieseinlage: etwa 20" x 44" (74 x 112 cm).

60°-Rhomben zuschneiden

1) Schneiden Sie die Rhomben mit Hilfe eines 60°-Lineals aus. Sie legen das Lineal an der entsprechenden Markierungslinie an; die Streifenbreite entspricht nicht der endgültigen Rhombengröße. Bei gemustertem Stoff liegen Lineal und Stoff mit der rechten Seite nach oben.

2) Schneiden Sie die Webkanten schräg ab, benutzen Sie dafür die schräge Kante des Lineals. Drehen Sie das Lineal um, legen Sie es bis an die gewünschte Linie auf den Stoffstreifen und schneiden Sie entlang der schrägen Kante. Schneiden Sie weitere Rhomben zu.

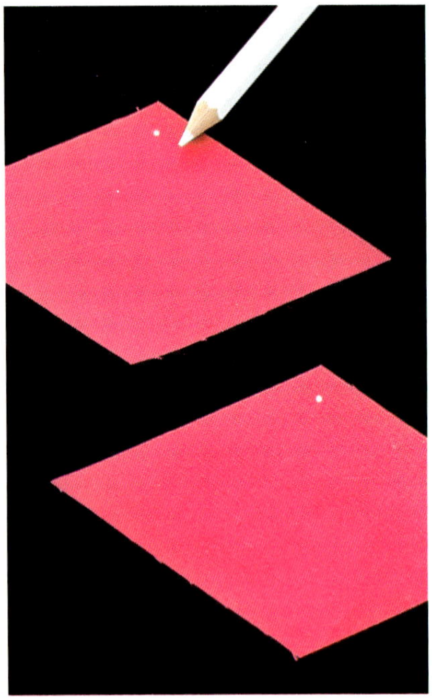

1) **Zeichnen** Sie auf der linken Stoffseite aller Rhomben mittleren Farbtons dort einen Punkt ein, wo sich die 1/4" (6 mm) breiten Nähte an den stumpfen Ecken treffen müssen.

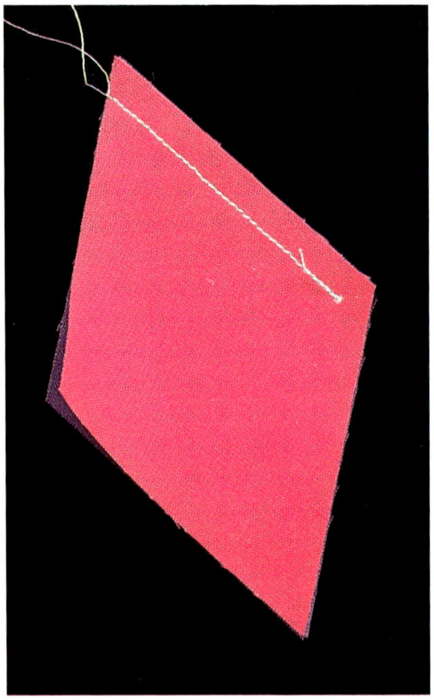

2) **Legen** Sie einen mittleren und einen dunklen Rhombus rechts auf rechts, Kanten genau aufeinander. Der mittelfarbene Rhombus liegt oben. Nähen Sie ab der Spitze genau bis auf den eingezeichneten Punkt. Nahtende mit Rückstichen sichern.

3) **Legen** Sie einen hellen Rhombus an den dunklen, rechts auf rechts, Kanten und Ecken genau aufeinander. Der dunkle Rhombus liegt oben. Nähen Sie ab der Spitze genau bis an den Naht-Treffpunkt. Nahtende mit Rückstichen sichern.

4) **Legen** Sie nun den hellen Rhombus an den mittelfarbenen, rechts auf rechts, und nähen Sie wie in Punkt 3; der helle Rhombus liegt oben. Überstehende Spitzen der Nahtzugaben abschneiden.

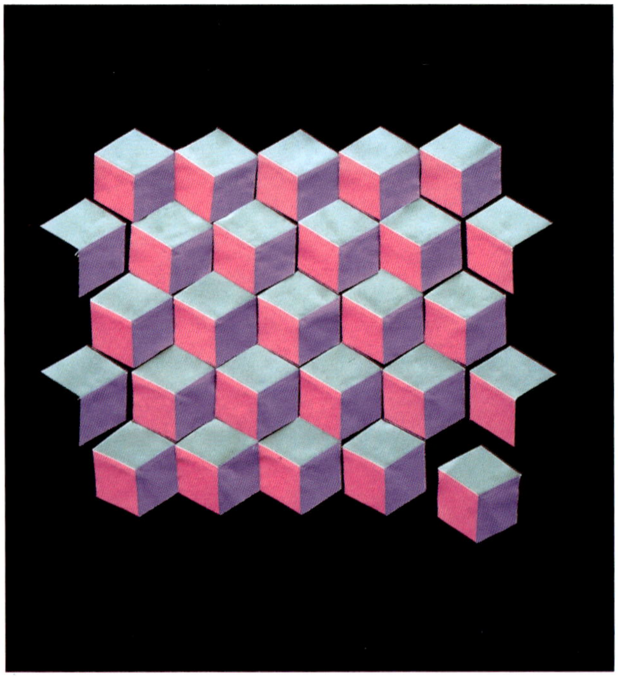

5) **Wiederholen** Sie Punkt 1–4 für 50 Blöcke. Legen Sie die Blöcke zu Reihen, mit dem hellen Rhombus immer oben. Nähen Sie die restlichen Rhomben zu Teilblöcken, wie gezeigt, um die Quiltoberseite zu vervollständigen. Achten Sie auf die richtigen Farben.

6) **Nähen** Sie die Blöcke seitlich zusammen, beginnen und beenden Sie alle Nähte 1/4" (6 mm) von den Kanten entfernt. Fassen Sie keine Nahtzugabe in die Naht. Die Nahtenden sichern.

7) **Fügen** Sie die Reihen entlang der Zickzackkante aneinander und nähen Sie jede Naht einzeln. Keine Nahtzugabe in den Nähten mitfassen. Die Nahtenden sichern.

8) **Setzen** Sie die restlichen hellen Rhomben an die untere Kante, wie gezeigt. Ganze Oberseite bügeln, die Nahtzugaben zu den dunklen Stoffen hin. Außenkanten mit Lineal und Rollschneider begradigen, jedoch 1/4" (6 mm) Nahtzugabe stehenlassen.

9) **Nähen** Sie die Randstreifen um die Patchworkoberseite (Seiten 20–25). Schnittbreite innerer Rand 1 1/4" (3,2 cm), äußerer Rand 3 1/2" (9 cm). Rückseite 4" (10 cm) größer zuschneiden als die Oberseite. Dann Oberseite, Vlies und Rückseite montieren und heften (Seiten 26 und 27).

10) **Quilten** Sie in der Naht (Seiten 34 und 35), z. B. in horizontalen, die Blöcke abgrenzenden Reihen. Bringen Sie die Einfassung an, Schnittbreite 2 1/2" (6,5 cm). Soll der Quilt als Wandbehang dienen, muß ein Stoffschlauch als Aufhängung auf die Rückseite genäht werden (Seite 29).

Baby-Block-Variationen

Mit seiner dreidimensionalen Wirkung ermöglicht das Baby-Block-Muster viele Variationen. Drehen Sie z. B. einige der Blöcke, bringen Sie Bewegung in Ihr Quiltdesign. Interessante Effekte können Sie auch durch Verwendung außergewöhnlicher Stoffe erzielen.

Baby Blocks können um sechszackige Sterne herum angeordnet werden (Seiten 72 und 73). Sterne und Würfel werden einzeln genäht und dann nach Wunsch arrangiert – in symmetrischer oder mehr zufälliger Anordnung.

Eine weitere Variante besteht darin, die Blöcke zu Motiven zusammenzustellen, z. B. zu einer Pyramide, und diese dann auf eine Quiltoberseite zu applizieren, wie auf Seite 73 gezeigt. Das bietet die Möglichkeit, Baby Blocks in einen größeren Quilt zu integrieren.

Drei Sterne, wie zufällig zwischen den Würfeln verteilt, ergeben einen interessanten Effekt. Die hier und da eingesetzten Rhomben aus gemusterten Stoffen sorgen für weitere Abwechslung.

Die horizontalen Reihen wurden hier durch die gezielte Farbanordung betont. Wiederholungen sorgen für eine harmonische Gesamtwirkung.

Eine Pyramide aus Baby Blocks ist hier auf eine Babydecke appliziert, einzelne Würfel „purzeln" über die Quiltoberseite. Parallelquilten verleiht dem schlichten Hintergrundstoff Struktur, gequiltete Würfel verzieren den Randstreifen.

Sterne und Baby Blocks wurden in dem Quilt rechts in symmetrischen Reihen angeordnet. Flächenquilten verschönt nicht nur die Sterne, es unterstreicht auch die dreidimensionale Wirkung der Würfel. Das Patchworkmuster mit seinem unregelmäßigen Rand wurde auf den Hintergrundstoff appliziert.

1) **Schneiden** Sie pro Stern sechs Rhomben in den gleichen Größen wie für die Baby Blocks (Seite 67). Markieren Sie an den stumpfen Ecken mit einem Punkt, wo sich die 1/4" (6 mm) breiten Nähte treffen müssen.

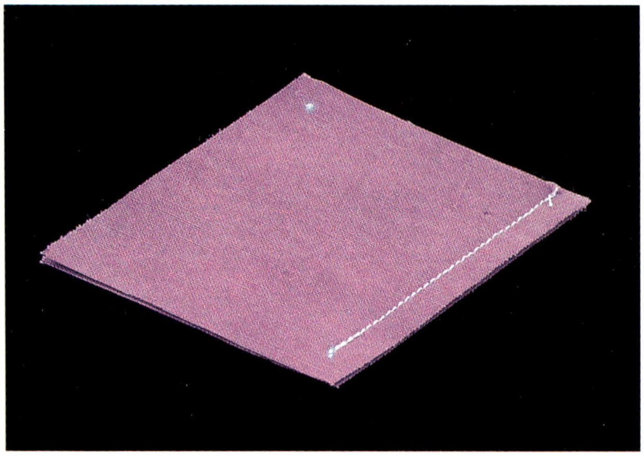

2) **Legen** Sie zwei Rhomben rechts auf rechts, die Punkte aufeinander. Nähen Sie von der Spitze aus, genau von Punkt zu Punkt. Nahtenden durch Rückstiche sichern.

3) **Legen** Sie den dritten Rhombus an, Kanten und Ecken passend. Nähen Sie vom Punkt bis zur vorhergehenden Naht; Rückstiche am Nahtende.

4) **Wiederholen** Sie Punkt 2 und 3 mit den verbleibenden drei Rhomben. Bügeln Sie die Nahtzugaben der beiden Sternenhälften in die gleiche Richtung.

5) **Legen** Sie die zwei Sternenhälften rechts auf rechts und stecken Sie sie Kante auf Kante fest. Nähen, am Anfang und am Ende jeweils 1/4" (6 mm) vom Rand entfernt. Überstehende Spitzen der Nahtzugaben abschneiden.

6) **Bügeln** Sie von links alle Nahtzugaben in eine Richtung, und zwar von der Mitte nach außen.

Einen Baby-Block-Quilt mit sechszackigen Sternen nähen

1) **Nähen** Sie die gewünschte Anzahl Sterne (Seite 72) und Baby Blocks (Seite 68, Punkt 1–4). Arrangieren Sie die Würfel und Sterne nach Ihren Vorstellungen.

2) **Legen** Sie in die freigebliebenen Räume um die Sterne einzelne Rhomben. Vervollständigen Sie das Muster durch Teilblöcke (Seite 68, Punkt 5).

3) **Nähen** Sie die Einheiten Naht für Naht zusammen, mit Rückstichen an den Nahtenden. Wo immer möglich, nähen Sie die Blöcke zu Reihen und fügen dabei die Sterne und die zusätzlichen Rhomben ein.

4) **Stellen** Sie den ganzen Quilt fertig, wie auf Seite 69 in Punkt 8–10 beschrieben. Quilten Sie zuerst um die Sterne herum, dann um die Würfel.

Eine Baby-Block-Applikation aufnähen

1) **Schlagen** Sie die Kanten des gesamten Baby-Block-Motivs 1/4" (6 mm) um. Heften und bügeln Sie.

2) **Plazieren** Sie das Motiv auf der Quiltoberseite und stecken oder heften Sie es fest. Nähen Sie die Kanten mit Blindstichen fest, wie auf Seite 78 in Punkt 4 beschrieben.

Applikationsquilts

Es gibt drei Maschinentechniken für das Applizieren: mit Blindstich und eingeschlagenen Nahtzugaben, mit Geradstich und offenen Schnittkanten, und mit Zickzackstich. Für welche Methode Sie sich entscheiden, hängt vom Stil des Quilts ab.

Blindstichapplikation gleicht der traditionellen Applikation von Hand, geht aber mit der Maschine viel schneller. Der Stoff wird mit Hilfe einer Schablone zugeschnitten, die die Größe der fertigen Applikation hat; die 1/4" (6 mm) breite Nahtzugabe wird beim Zuschneiden hinzugefügt und vor dem Aufnähen um die Schablone zur Rückseite hin umgebügelt. Wenn Sie keinen speziellen Blindsäumer haben, verwenden Sie einen Zickzack- bzw. Mehrzweckfuß. Mit feinem Nylongarn als Oberfaden bleiben die Stiche fast unsichtbar.

Bei der Applikation mit Geradstich bleiben die Schnittkanten der Stoffteile offen. Die Geradstichnaht verläuft innerhalb der Kontur des Motivs. Danach kann man mit einer harten Bürste darübergehen, um die Schnittkanten leicht auszufransen. Den gleichen Effekt erzielt man auch mit dem Wäschetrockner, vorausgesetzt, die Stoffe sind vorher bereits gewaschen.

Beim Applizieren mit Zickzackstich wird die Applikation aufgenäht, indem gleichzeitig die unversäuberten Kanten verdeckt werden. Verwenden Sie diese Technik zum Applizieren schwieriger Formen oder für Applikationen aus gemusterten Stoffen. Zickzackstichapplikationen sind sehr haltbar und deshalb gut für Quilts geeignet, die oft gewaschen werden.

Beim Applizieren sollten Sie die Oberfadenspannung verringern, damit der Unterfaden auf der Oberseite so wenig wie möglich zu sehen ist. Verwenden Sie ein farblich zum Oberseitenstoff passendes Garn als Unterfaden. Um Faltenbildung zu vermeiden, kann auf der Quiltunterseite unter die Applikation ein Stück Nähpapier gelegt werden, das nach dem Nähen wieder abgezupft wird.

Die folgenden Arbeitsanleitungen gelten für den oben gezeigten Blumenbeet-Sampler, der als Tischläufer oder Wandbehang verwendet werden kann. Dabei kommen alle drei Applikationstechniken zur Anwendung.
Der Sampler besteht aus fünf Blöcken zu je 6 1/2" x 8 1/2" (16,3 x 21,8 cm). Der fertige Quilt mißt etwa 35 1/2" x 11 1/2" (90,3 x 29,3 cm).

Blindstichapplikation gleicht der traditionellen Applikation von Hand, wird aber mit der Nähmaschine ausgeführt.

Ausgefranste Stoffkanten sind für diese moderne Applikation mit Geradstich typisch.

Der enge Zickzackstich verdeckt die offenen Stoffkanten und verleiht der Applikation klare Konturen.

✂ Zuschneiden

Schneiden Sie fünf 7" x 9" (18 x 23 cm) große Rechtecke aus Hintergrundstoff.

Für die Tulpen auf zwei der Blöcke verwenden Sie die Vorlagen von Seite 76. Schneiden Sie die Schablonen aus Pappe, dann je sechs Blüten und Blätter aus dem Stoff, wie auf Seite 78 in Punkt 1 beschrieben. Drehen Sie für zwei der Blattformen die Schablone um. Für jeden Block benötigen Sie drei Blüten, drei Blätter und drei Stengel.

Für die Geranien der beiden anderen Blöcke schneiden Sie mit Hilfe der Vorlage auf Seite 76 sechs Blätter und 16–20 kleine Blüten sowie zwei 1/4" x 3" (6 mm x 7,5 cm) große Stoffstiele zu. Pro Block brauchen Sie drei Blätter, acht bis zehn kleine Blüten und einen Stiel.

Für die Hibiskusblüte des mittleren Blocks schneiden Sie nach der Vorlage auf Seite 76 zwei Blüten und zwei Blätter aus. Für eines der Blätter drehen Sie die Schablone um.

Sie benötigen

3/8 yd. (0,35 m) Stoff für den Hintergrund.

3/4 yd. (0,70 m) Stoff für den 1 1/2" (3,8 cm) breiten Rand, die Rückseite und die Einfassung.

Stoffreste für Blüten und Blätter und gefaltetes Schrägband für die Tulpenstengel.

Vlieseinlage: etwa 13" x 35" (33 x 89 cm).

Pappe, Sprühstärke, feines Nylongarn für die Blindstichapplikation.

3/4 yd. (0,70 m) Nähpapier (z. B. Stickvlies).

EINEN BLUMENBEET-SAMPLER NÄHEN

1) **Folgen** Sie Punkt 1–5 auf Seite 78 und legen Sie die drei Tulpen wie abgebildet auf den Stoff. Die Unterkanten der Blätter und die Stengel liegen an der unteren Stoffkante an. Den zweiten Block genau wie den ersten arbeiten.

2) **Folgen** Sie Punkt 1–7 auf Seite 79 und arrangieren Sie die kleinen Blütenblätter der Geranie auf dem Stoff, wie abgebildet. Den zweiten Block genauso arbeiten.

3) **Folgen** Sie Punkt 1–4 auf Seite 80 und arrangieren Sie die beiden Hibiskusblüten auf dem Block, wie abgebildet.

4) **Sticken** Sie das Staubgefäß der Hibiskusblüte auf, indem Sie nach der Technik des freien Maschinenquiltens vorgehen (Seiten 34 und 35).

5) **Nähen** Sie die Blöcke mit 1/4" (6 mm) breiten Nähten aneinander. Bügeln Sie die Quiltoberseite, ohne die Applikationen plattzudrücken.

6) **Schneiden** Sie die Randstreifen 2" (5 cm) breit zu und nähen Sie sie an (Seiten 20–25). Rückseite 13" x 35" (33 x 89 cm) groß zuschneiden. Montieren und heften Sie Quiltoberseite, Vlies und Rückseite (Seiten 26/27).

7) **Quilten** Sie in den Nähten (Seiten 34 und 35) und um die Blumen herum. Sie können auch entlang der einzelnen Blütenblätter des Hibiskus quilten, um sie hervorzuheben (zur Verdeutlichung wurde ein farblich kontrastierendes Garn verwendet).

8) **Schneiden** Sie den Einfaßstreifen 2" (5 cm) breit zu und nähen Sie ihn an (Seite 37). Ist der Quilt als Wandbehang vorgesehen, wird auf der Rückseite ein Stoffschlauch als Aufhängung angenäht (Seite 39).

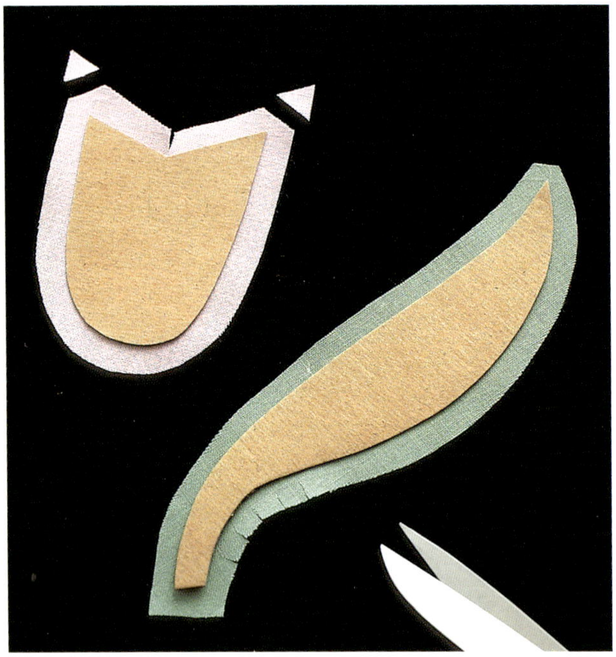

1) **Schneiden** Sie Pappschablonen in der endgültigen Größe der Applikation zu. Legen Sie sie auf den Stoff und schneiden Sie mit dem Rollschneider jeweils um die Schablone herum, indem Sie 1/4" (6 mm) Nahtzugabe berücksichtigen. An den Innenkurven und Ecken schneiden Sie die Nahtzugabe bis knapp an die Schablone ein, die Spitzen schneiden Sie ab.

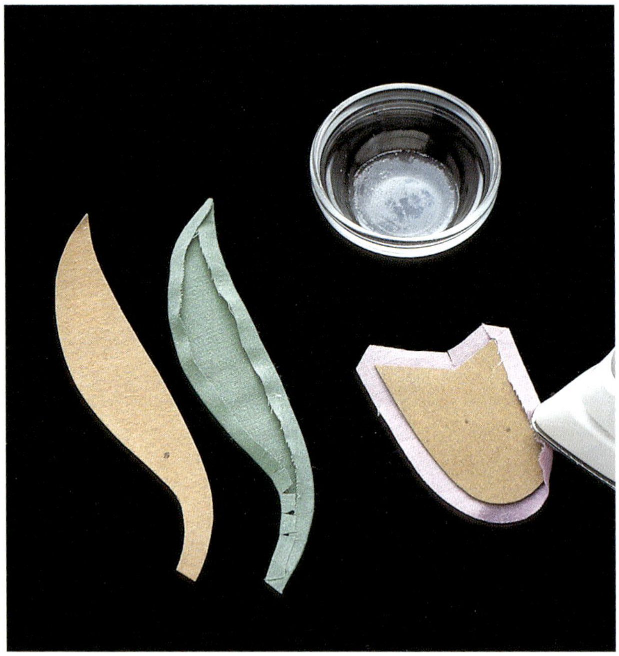

2) **Geben** Sie etwas Sprühstärke in ein Schälchen und tupfen Sie die Stärke auf die Nahtzugaben. Mit der Spitze des trockenen Bügeleisens formen Sie nun die Nahtzugabe um die Kanten der Schablone. Bügeln Sie so lange, bis die Stärke trocken ist, danach entfernen Sie die Schablone und bügeln von rechts.

3) **Legen** Sie die Applikationsteile auf den Stoff und zeichnen Sie die Konturen mit Kreide nach. Nähpapier unter dem Block, etwas größer als dieser, verhindert Faltenbildung. Stecken oder heften Sie die Teile fest, bei sich überlagerndenTeilen zuerst die zuunterst liegenden.

4) **Stellen** Sie die Maschine auf Blindstich ein, Stichlänge 1,5 mm. Verwenden Sie unsichtbares Nylongarn als Oberfaden. Erfassen Sie beim Nähen nur knapp die Kante der Applikation. (Das kontrastfarbene Garn dient nur der Verdeutlichung.)

5) **Stecken** oder heften Sie die zweite und danach alle weiteren Lagen der Applikationsteile auf und nähen Sie sie mit Blindstichen auf. Dann entfernen Sie vorsichtig das Nähpapier, ohne an den Stichen zu zerren.

1) **Schneiden** Sie die Applikationsteile nach den Vorlagen, ohne Nahtzugaben, zu. Zeichnen Sie auch die Linien mit ein, die als Gestaltungselement dienen.

2) **Arrangieren** Sie die Teile auf dem Hintergrundstoff zu dem vorgesehenen Muster und markieren Sie die Konturen mit Kreide.

3) **Kleben** Sie die Teile mit Stoffkleber fest, wobei der Kleber nur bis 1/4" (6 mm) an die Kanten reichen sollte. Bei überlappenden Teilen zuerst nur die untersten aufkleben. Mit Nähpapier unterlegen.

4) **Nähen** Sie, im Abstand von 1/4" (6 mm) zu den Kanten, innen um die Applikation. Manche Formen erfordern freies Maschinennähen (Seiten 34 und 35).

5) **Kleben** Sie die zweite Lage der Applikationsteile auf und nähen Sie sie fest, wie in Punkt 4 beschrieben. Wiederholen Sie dies für alle Applikationsteile.

6) **Steppen** Sie die Linien nach, die als Gestaltungselemente dienen. Dann entfernen Sie vorsichtig das Nähpapier von der Rückseite, ohne an den Stichen zu zerren.

7) **Bürsten** Sie mit einer harten Bürste über die Schnittkanten der Applikation; die aufgerauhten, leicht ausgefransten Kanten verleihen der Applikation Struktur.

1) **Schneiden** Sie die Applikationsteile mit Hilfe der Vorlagen, ohne Nahtzugaben, zu. Zeichnen Sie auch die Gestaltungslinien auf; zu diesem Zweck können die Schablonen entsprechend zerschnitten werden.

2) **Arrangieren** Sie die Teile auf dem Hintergrundstoff und markieren Sie die Konturen mit Kreide. Legen Sie Nähpapier unter den Block und kleben oder stecken Sie die Teile fest – zunächst nur die untersten.

3) **Stellen** Sie einen breiten, engen Zickzackstich ein. Verwenden Sie Maschinenstickgarn als Oberfaden. Nähen Sie die Teile auf und lassen Sie dabei solche Kanten frei, die später von weiteren Teilen überlappt werden. Für Details wie z. B. Blattadern wählen Sie einen schmalen Zickzackstich, der an den Spitzen ganz schmal ausläuft.

4) **Kleben** Sie die zweite Lage der Applikationsteile auf und nähen Sie wie in Punkt 3. Wiederholen Sie dies mit allen Teilen. Zupfen Sie das Nähpapier von der Rückseite, ohne an den Stichen zu zerren.

Kurven. Drehen Sie den Stoff nur, wenn die Nadel im Stoff steckt: bei Innenkurven an der Innenseite der Zickzacknaht (**a**), bei Außenkurven an der Außenseite der Zickzacknaht (**b**).

Innenecken. Nähen Sie so weit über die Ecke hinaus, wie der Zickzackstich breit ist. Die Nadel steckt an der Innenseite der Naht im Stoff. Drehen Sie nun den Stoff und nähen Sie die anschließende Applikationskante.

Außenecken. Nähen Sie einen Stich über die Ecke hinaus, die Nadel an der Außenkante der Naht im Stoff steckend. Stoff drehen und die folgende Applikationskante aufnähen.

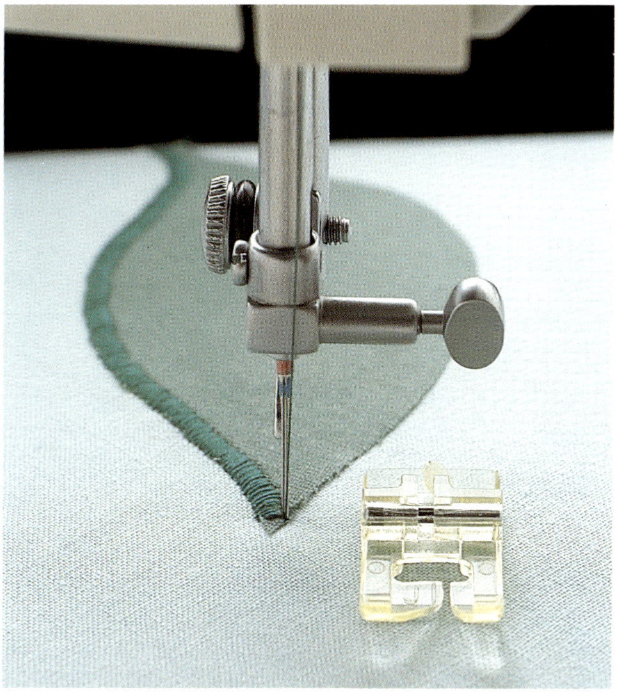

Spitzen. 1) Nähen Sie, bis die innere Seite der Zickzacknaht auf die gegenüberliegende Seite der Applikation trifft. Stoff leicht drehen und weiternähen, während Sie den Stich langsam schmaler stellen, bis die Einstellung Null erreicht ist. (Zur Verdeutlichung des Vorgangs wurde hier der Nähfuß entfernt.)

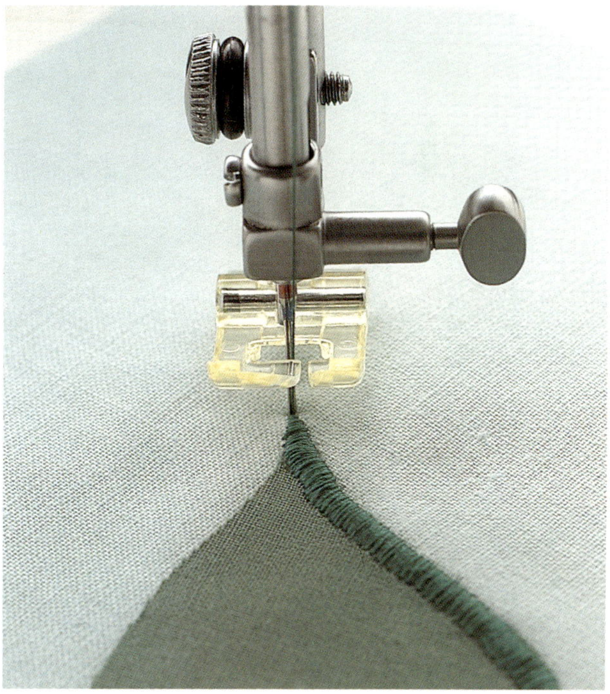

2) Drehen Sie den Stoff ganz herum und nähen Sie über die vorangegangenen Stiche, während Sie die Stichbreite langsam wieder auf die Originalbreite stellen. Stoff leicht drehen und die andere Kante der Applikation aufnähen.

Weitere Motive für Applikationen

Die auf den vorangegangenen Seiten beschriebenen Techniken können Sie natürlich auch auf andere Muster anwenden. Vorlagen für Applikationen erhalten Sie in allen Patchworkläden, Sie können aber auch Bücher, Postkarten und Illustrationen in Zeitschriften und anderen Veröffentlichungen als Ideenlieferant für eigene Kreationen nutzen.

Geradstichapplikation und original afrikanische Stoffe verleihen dem oben gezeigten Quilt die betont einfache Note. Die Figuren wurden aus zwei Lagen Stoff geschnitten, die obere etwas kleiner als die untere.

Blindstichapplikation wurde für die einfachen Formen des links gezeigten Quilts angewendet.

Zickzackstichapplikation ist die ideale Technik für die Fische auf dem Quilt rechts. Sie wurden aus bedrucktem Stoff geschnitten. Eine Quiltoberseite in Streifentechnik (Seite 95) dient als Hintergrund.

Crazy Quilts

Crazy Patchwork gibt Ihnen die Gelegenheit, alle Arten von Stoffresten zu einem nicht geplanten, „zufälligen" Muster zu verarbeiten. Besonders beliebt war Crazy Patchwork in der viktorianischen Zeit, als man kostbare Samt-, Seiden- und Brokatreste zu verschwenderisch schönen Quilts verarbeitete. Die Stoffstücke wurden auf einen Unterstoff geheftet und dann mit Zierstichen von Hand aufgenäht.

Heute werden Quilts dieser Art durch Maschinenstick-techniken viel schneller fertig. Experimentieren Sie mit verschiedenen Zierstichen und Schmuckgarnen, wie z. B. Metallicgarn. Mischen Sie ganz unterschiedliche Stoff-arten wie Satin, Lamé oder Jeansstoff, verwenden Sie Reste ausgedienter Tisch- und Bettwäsche.

Crazy Patchwork kann entweder nach der traditionellen Methode oder nach der „Umklapptechnik" genäht werden. Bei der traditionellen Methode werden die Stoffteile mit eingeschlagenen Kanten auf einen Unterstoff geheftet und mit Zierstichen fixiert, z. B. Feder- bzw. Bäumchenstich oder Hexenstich. Damit es schneller geht, können Sie auch die Kanten offen lassen und die Stoffteile mit Zickzackstichen aufnähen; das sieht dekorativ aus und bedeckt gleichzeitig die offenen Kanten. Bei der Umklappmethode werden die Stoffstücke ohne Zierstiche festgenäht.

Als Unterstoff eignen sich leichte Stoffe wie heller Nessel, der nicht auf die Vorderseite durchscheint. Meist wird bereits der Unterstoff zu Blöcken geschnitten und die fertigen Blöcke dann zur Quiltoberseite zusammengesetzt. Für einen kleinen Quilt können die Stoffteile auch auf einen großen Unterstoff genäht werden.

Traditionell wurden Crazy Quilts nicht wattiert, Quiltoberseite und -rückseite nur punktuell an den Nähten verbunden. Wird ein Crazy Quilt wattiert, sollten die Blöcke in gleichmäßigen Abständen gequiltet werden, damit sich die Vlieseinlage nicht verschiebt.

Unregelmäßige Stoffstücke werden auf ein Quadrat aus Unterstoff genäht, die überstehenden Stoffteile zurückgeschnitten: Ein Crazy-Quilt-Block ist fertig.

Tips für Crazy Patchwork

Verwenden Sie Maschinenstickgarn, um eine glatte, gleichmäßige Stickerei mit feinem Glanz zu erzielen.

Verstärken Sie feine, rutschige Stoffe, wie z. B. Seide, indem Sie sie auf dünnes Haftvlies bügeln.

Bügeln Sie Lamé bzw. Stoffe mit Metalliceffekt vor dem Verarbeiten mit dem Dampfbügeleisen und verstärken Sie ihn dann mit Trikotvlieseinlage, damit er nicht ausfranst.

Wählen Sie eine größere Nadel und lockern Sie die Oberfadenspannung, wenn Sie mit Metallicgarn arbeiten. Die Nadel muß glatt und eben sein.

Sie benötigen

Stoffreste für die Patchworkblöcke.

Leichten Nessel als Unterstoff für die Blöcke.

Stoff für die Randstreifen, falls gewünscht (Stoffverbrauch s. Seite 20).

Rückseitenstoff (Stoffverbrauch s. Seite 26).

Stoff für die Einfassung (Stoffverbrauch s. Seite 36).

Vlieseinlage, falls gewünscht, etwa 4" (10 cm) größer als der Quilt.

Maschinenstickgarn für die traditionelle Crazy-Patchwork-Methode.

1) **Schneiden** Sie den Unterstoff etwas größer zu als die Block-Endgröße, plus 1/2" (1,3 cm) Nahtzugaben. Stoffstück für eine Ecke zuschneiden und feststecken. Zweites Stoffstück schneiden. 1/4" (6 mm) Nahtzugabe an der Kante unterschlagen, die auf das erste Stoffteil zu liegen kommt. Feststecken oder -heften.

2) **Setzen** Sie immer weitere Stoffstücke an, bis der Unterstoff bedeckt ist. Schlagen Sie alle Kanten 1/4" (6 mm) breit ein, außer denen am Blockrand. Feststekken oder -heften. Zum Schluß bügeln.

3) **Nähen** Sie mit Zierstichen entlang der gebügelten Kanten. Von der Mitte nach außen arbeiten. Oberfaden zur Unterseite ziehen und verknoten. Block auf die Endgröße plus 1/2" (1,3 cm) Nahtzugabe zurechtschneiden.

4) **Ordnen** Sie die Blöcke nach Gefallen, nähen Sie sie zu Reihen und dann die Reihen untereinander zusammen. Drücken Sie die Nahtzugaben in entgegengesetzte Richtungen. Bügeln. Randstreifen zuschneiden und annähen (Seiten 20–25).

5) **Schneiden** Sie die Rückseite zu (Seite 26). Eventuell vorgesehene Vlieseinlage 4" (10 cm) größer zuschneiden als die Oberseite. Montieren und heften Sie Quiltoberseite, Vlies und Rückseite (Seiten 26 und 27). Punktweise mit der Maschine fixieren oder in gleichmäßigen Abständen steppen (Seiten 28–35). Einfassung zuschneiden und annähen (Seite 37).

Alternative Methode. Sie folgen Punkt 1 und 2, schlagen aber die Kanten nicht ein. Nähen Sie mit breiten Zierstichen über die Schnittkanten, von der Mitte nach außen. Schneiden Sie überstehenden Stoff bis auf die Endgröße des Unterstoffs zurück, plus 1/2" (1,3 cm) Nahtzugabe. Quiltoberseite vollenden, wie in Punkt 4 und 5 beschrieben.

1) **Schneiden** Sie den Unterstoff etwas größer zu als die fertige Blockgröße, plus 1/2" (1,3 cm) Nahtzugabe. Stekken Sie ein Stoffstück in die Mitte oder eine Ecke des Unterstoffs. Legen Sie ein zweites Stück rechts auf rechts auf das erste, eine Kante aufeinanderpassend. Nähen Sie dort mit einer 1/4" (6 mm) breiten Naht.

2) **Klappen** Sie das zweite Stück um, so daß die rechte Seite nach oben zeigt. Bügeln und feststecken. Fahren Sie in dieser Weise fort, bis der Unterstoff bedeckt ist. Offene Kanten einschlagen und bügeln.

3) **Schneiden** Sie überstehenden Stoff bis auf die fertige Blockgröße plus 1/2" (1,3 cm) Nahtzugaben zurück. Stekken Sie noch offene, eingeschlagene Stoffkanten auf dem Unterstoff fest.

4) **Sichern** Sie diese Kanten mit Blindstichen (Seite 78, Punkt 4); zur Verdeutlichung wurde hier kontrastfarbenes Garn verwendet. Den Quilt fertigstellen, wie in Punkt 4 und 5 auf Seite 86 beschrieben.

Crazy-Quilt-Variationen

Die Variationsmöglichkeiten von Crazy Patchwork sind unbegrenzt. Da es keine festen Regeln gibt, können Sie nach Herzenslust experimentieren. So erzielen Sie z. B ein sehr modern wirkendes Design, indem Sie die Crazy-Oberseite zerteilen und farblich kontrastierende Stoffstreifen einsetzen.

Sie können auch im Wechsel Crazy-Patchwork-Blöcke mit einfarbigen Blöcken kombinieren, die Sie dann mit einem dekorativen Schablonenmotiv quilten. Das spart nicht nur Zeit, es verleiht dem Quilt auch einen besonderen Effekt

Kontrastierende Streifen aus Metallicstoff geben diesem Quilt das moderne Aussehen. Das Crazy Patchwork wurde in der traditionellen Technik genäht, für die Zierstiche wurde Metallicgarn verwendet.

Kontrastierende Streifen einsetzen

1) **Schneiden** Sie den einzusetzenden Streifen plus 1/2" (1,3 cm) zu. Teilen Sie die Quiltoberseite. Subtrahieren Sie 1/4" (6 mm) von der halben Endbreite des Einsatzstreifens und schneiden Sie die Schnittkanten der Oberseite in dieser Breite zurück.

2) **Bügeln** Sie Trikot-Haftvlies unter die Metallicstreifen. Stecken und nähen Sie eine Quilt-Schnittkante mit einer 1/4" (6 mm) breiten Naht rechts auf rechts an den Streifen; dieser liegt oben und ragt über die Quilt-Außenkante hinaus. Bügeln.

3) **Schneiden** Sie die überstehenden Streifenenden zurück und nähen Sie den anderen Teil des Quilts an die andere Seite des Streifens. Er liegt beim Nähen oben. Eventuelle weitere Streifen ebenso einsetzen.

Crazy-Blöcke wurden hier im Wechsel mit Uni-Blöcken aneinandergenäht. Die einfarbigen Blöcke wurden mit einem dekorativem Schablonenmuster gequiltet, das Crazy Patchwork in der Umklapptechnik genäht.

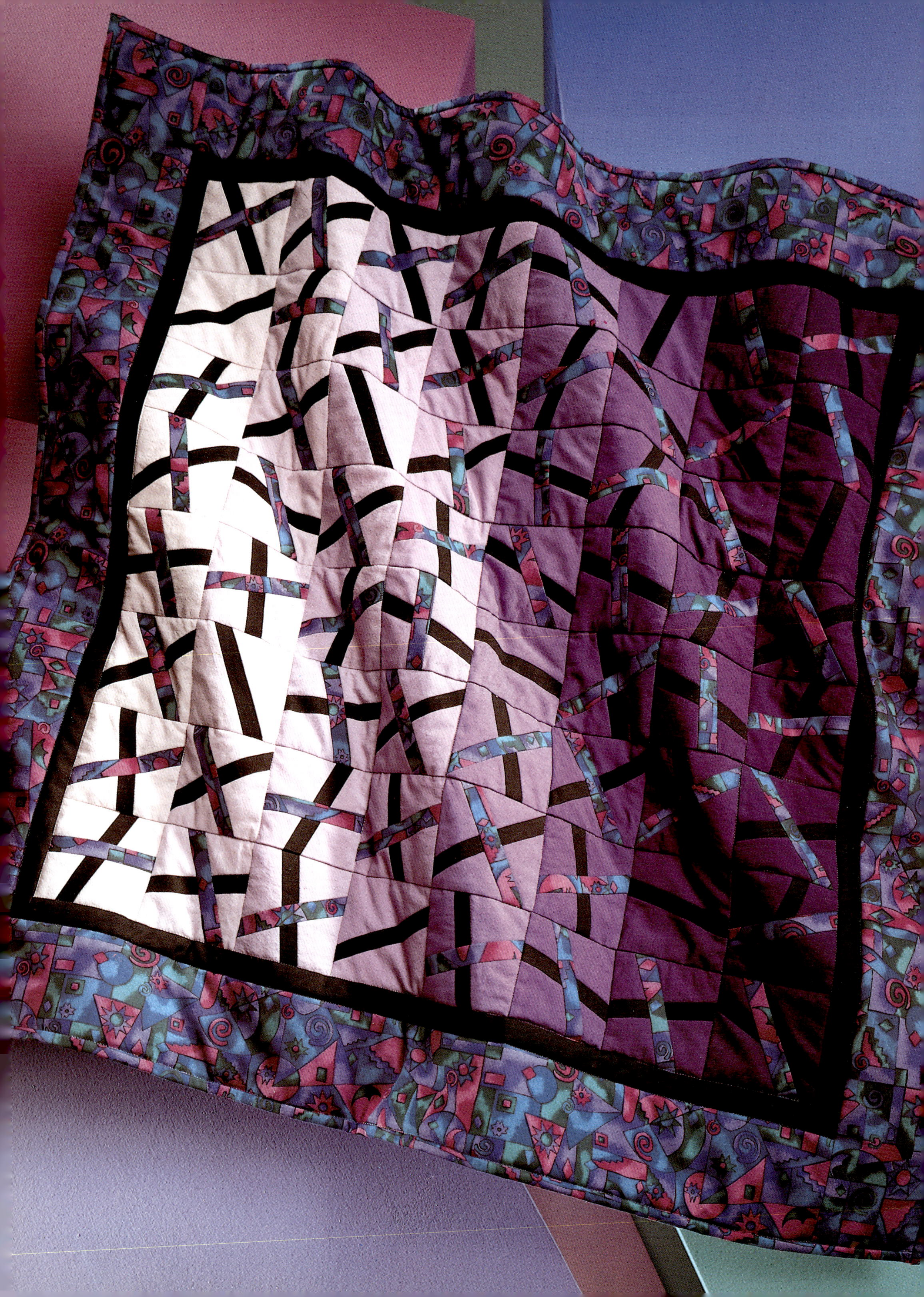

Moderne Crazy Quilts

Die hier gezeigte moderne Crazy-Variation sieht zwar schwierig aus, ist aber einfach und schnell zu nähen. Um eine so gelungene Farbabstufung in den Reihen zu erreichen, eignen sich handgefärbte Stoffe (Seite 10) für den Hintergrundstoff am besten. Für die kontrastierenden Streifen wurden einfarbige und bedruckte Stoffe, die sich in den Randstreifen wiederholen, verwendet.

Die folgende Anleitung gilt für einen Wandbehang aus 64 Blöcken mit 3" (7,5 cm) Kantenlänge. Der fertige Crazy Quilt mit einem doppelten Rand mißt etwa 32" (81,5 cm) im Quadrat.

✂ Zuschneiden

Schneiden Sie aus jedem der handgefärbten Stoffe vier 2 1/4" x 18" (6 x 46 cm) große Streifen (Seite 12). Schneiden Sie aus dem gleichen Stoff wie für den inneren Rand acht 1" (2,5 cm) breite Streifen für die eingesetzten Streifen und teilen Sie dann diese längs durch die Mitte zu 16 Streifen. Schneiden Sie aus dem Stoff für den äußeren Rand acht 1" (2,5 cm) breite Streifen und teilen sie diese in der Mitte zu 16 Streifen. Schneiden Sie eine 3 1/2" (9 cm) große Quadratschablone aus fester Pappe oder aus Plastik.

Sie benötigen

Handgefärbte Stoffe, ein Paket zu acht „fat quarters", aus dem Patchworkgeschäft.
2/3 yd. (0,63 m) einfarbigen Stoff für den 3/4" (2 cm) inneren Rand und die inneren Kontraststreifen.
1 yd. (0,95 m) bedruckten Stoff für den 3" (7,5 cm) äußeren Rand und die anderen inneren Kontraststreifen.
1 yd. (0,95 m) Rückseitenstoff.
Vlieseinlage: etwa 36" (91,5 cm) im Quadrat.
Feste Pappe oder Schablonenmaterial aus Plastik.

Einen modernen Crazy Quilt nähen

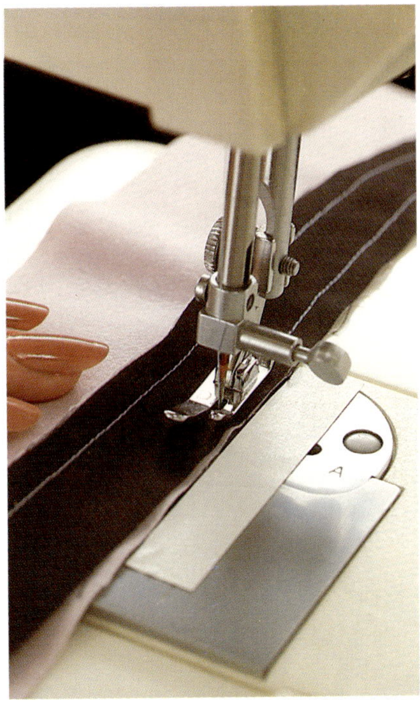

1) **Nähen** Sie zwei Streifen handgefärbten Stoffs derselben Farbe an jede Seite eines 1" (2,5 cm) breiten Streifens, rechts auf rechts, ebenso die restlichen 15 Streifen. Nahtzugaben zum Mittelstreifen bügeln.

2) **Schneiden** Sie mittels Schablone und Rollschneider je vier Quadrate aus den zusammengesetzten Streifen. Variieren Sie den Winkel des Streifens in jedem Quadrat. Sie können gleichzeitig jeweils durch 3–4 Lagen schneiden.

3) **Legen** Sie acht Quadrate beiseite, eins von jeder Farbe.

4) **Zerteilen** Sie die restlichen Quadrate, indem Sie das Lineal im schrägen Winkel anlegen. Legen Sie die zusammengehörigen Hälften in zwei Stapeln nebeneinander. Die Quadrate werden in Punkt 7 wieder zusammengenäht.

5) **Nähen** Sie an die schräge Schnittkante der Hälften eines Stapels den 1" (2,5 cm) breiten Streifen aus Außenrandstoff, rechts auf rechts; Kettennähen erleichtert die Arbeit, wobei die Streifen 1/2" (1,3 cm) über die Kante ragen müssen.

6) **Bügeln** Sie die Nahtzugaben zum Streifen hin und schneiden Sie die überstehenden Streifenstücke entlang der Quadratkante zurück. Legen Sie dazu ein breites Lineal oder eine Schablone auf.

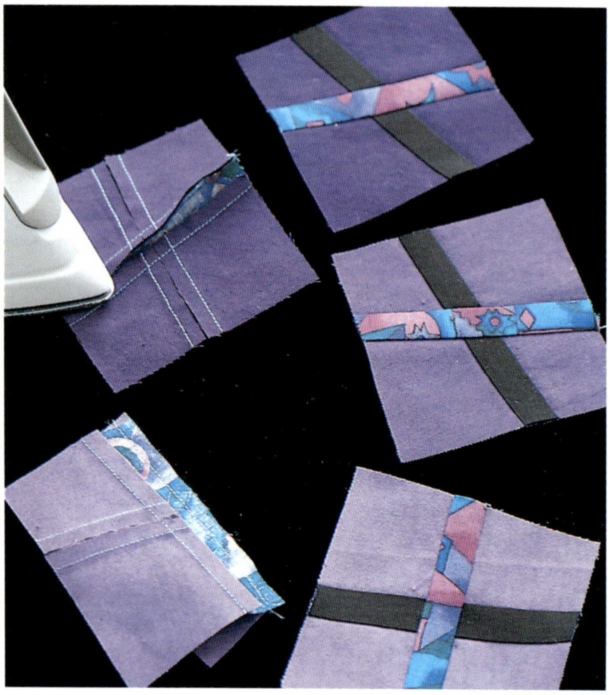

7) **Nähen** Sie die jeweiligen Gegenstücke der Quadrate an die gegenüberliegende Kante des Streifens. Nahtzugabe zur Streifenmitte bügeln. Achten Sie darauf, die schrägen Kanten nicht zu dehnen.

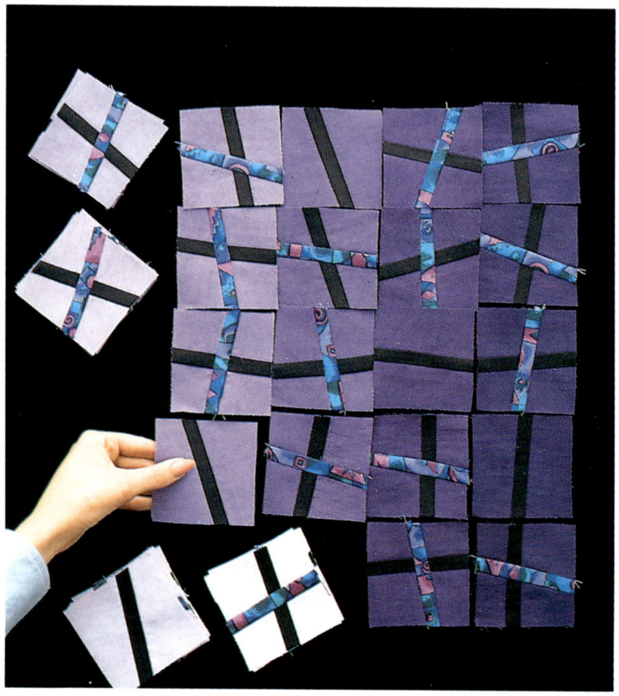

8) **Arrangieren** Sie die Blöcke in senkrechten Reihen pro Farbe, und zwar so, daß die Kontraststreifen in verschiedene Richtungen laufen. Verteilen Sie dabei in jeder Reihe die acht Blöcke von Punkt 3.

9) Nähen Sie die Blöcke gleicher Farbe zu Reihen und dann die Reihen aneinander. Drücken Sie die Nahtzugaben in entgegengesetzte Richtungen.

10) Schneiden Sie die Randstreifen zu und nähen Sie sie an (Seiten 20–25). Die Schnittbreite des inneren Randstreifens beträgt 1 1/4" (3,2 cm), die des äußeren Randstreifens 3 1/2" (9 cm).

11) Schneiden Sie ein 36" (91,5 cm) großes Quadrat aus Rückseitenstoff zu. Montieren und heften Sie Quiltoberseite, Vlies und Rückseite (Seiten 26 und 27).

12) Quilten Sie in den Nähten um die Blöcke und Randstreifen (Seiten 34 und 35) herum. Nähen Sie die Einfassung an (Seite 37), Schnittbreite 2" (5 cm). Mit einem Stoffschlauch auf der Rückseite (Seite 39) wird der Quilt zum Wandbehang.

Quilts in Streifentechnik

Die Streifentechnik ist eine einfache Möglichkeit, Stoffe interessant und lebendig zu verarbeiten. Traditionsgemäß wurden auf diese Weise Gebrauchsquilts gefertigt, doch kann man mit der Streifentechnik auch sehr moderne Designs entwickeln.

Bei der Streifentechnik werden Stoffstreifen in verschiedenen Breiten auf einen Unterstoff oder auch auf Basispapier genäht. Durch unterschiedliche Anordnung der fertigen Blöcke können dann sehr variationsreiche Muster entstehen.

Leichter Nessel eignet sich gut als Unterstoff. Papier ist vorzuziehen, wenn Sie schwere oder dicke Stoffe, wie z. B. Dekostoffe, in Streifentechnik verarbeiten und der Quilt dadurch recht „füllig“ wird. Das Papier wird vom fertigen Block wieder entfernt. Gut geeignet dafür wäre unbedrucktes Zeitungspapier oder ein Papier ähnlicher Qualität, das sich leicht wieder abnehmen läßt.

Auf Seite 96 finden Sie grundsätzliche Anleitungen für Blöcke in Streifentechnik. Sie gelten für alle Arten von Streifenquilts, auch für die auf Seite 99 abgebildeten.

Schnell genäht ist der auf der linken Seite abgebildete Quilt mit Farbverlauf. Die Farbabstufungen sind leicht durch die Kombination von hellen, mittleren und dunklen Blöcken zu erreichen. Handgefärbte Stoffe eignen sich für dieses Projekt besonders gut.

Die Anleitungen auf Seite 97 und 98 gelten für einen farblich abgestuften Quilt aus 32 Blöcken von je 8" (20,5 cm) Größe. Der fertige Quilt mißt etwa 40" x 71" (102 x 180 cm) und ist als Wandbehang oder als Kniedecke verwendbar.

✂ Zuschneiden

Für den Quilt mit Farbverlauf schneiden Sie aus Nessel (Unterstoff) 32 Quadrate mit 9" (23 cm) Kantenlänge, was der fertigen Blockgröße plus 1" (2,5 cm) entspricht. Dann schneiden Sie die Stoffe in hellen, mittleren und dunklen Farbtönen in Streifen von etwa 3"–4" (7,5–10 cm) Breite.

Sie benötigen

1 1/3 yd. (1,60 m) leichten Nessel als Unterstoff.

1/4 yd. (0,25 m) von je fünf hellen, fünf mittleren und fünf dunklen Stoffen, die farblich so harmonieren, daß sich eine schöne Farbabstufung ergibt.

7/8 yd. (0,80 m) Stoff für den 4" (10 cm) breiten Rand.

2 1/4 yd. (2,10 m) Rückseitenstoff.

2/3 yd. (0,63 m) Stoff für die Einfassung.

Vlieseinlage: etwa 44" x 75" (112 x 191 cm).

Stoffstreifen werden auf ein Quadrat oder ein rechteckiges Stück eines Unterstoffs genäht, überstehende Enden anschließend zurückgeschnitten. Die Streifen können horizontal, vertikal oder diagonal aufgenäht werden.

1) **Schneiden** Sie eine Nessel- oder Papierbasis zu, 1" (2,5 cm) größer als die Endgröße des Blocks. Schneiden Sie Stoffstreifen in beliebiger Breite zu, jedoch so lang, daß sie über die Basis hinausragen.

2) **Legen** Sie einen Streifen, rechte Seite nach oben, in den mittleren Bereich der Basis, z. B. leicht schräg. Die Enden des Streifens ragen über die Kanten des Basisquadrats. Feststecken.

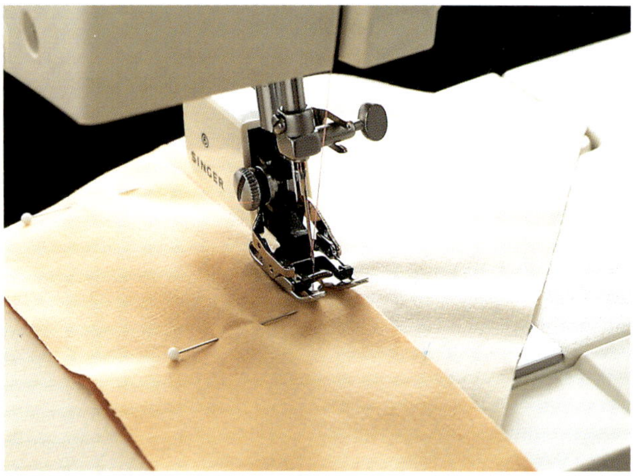

3) **Legen** Sie den zweiten Streifen mit der rechten Seite nach unten an einer der langen Kanten des ersten Streifens auf. Feststecken. Nähen Sie eine 1/4" (6 mm) breite Naht entlang dieser Kante.

4) **Klappen** Sie den Streifen auf. Bügeln. Nähen Sie weitere Streifen auf, bis die Hälfte der Basis bedeckt ist, und variieren Sie nach Wunsch die Schräge einiger Streifen. Überstehenden Stoff entlang der Naht zurückschneiden.

5) **Wiederholen** Sie Punkt 3 und 4 für die andere Hälfte des Unterstoff-Basisblocks.

6) **Schneiden** Sie den Block auf die Endgröße plus 1/2" (1,3 cm) Nahtzugabe. Falls Sie Papier als Basis verwendet haben, entfernen Sie es jetzt.

1) **Sortieren** Sie die Stoffstreifen nach hellen, mittleren und dunklen Farben. Nähen Sie acht Blöcke (linke Seite) aus den hellfarbenen Streifen, wobei Sie diese diagonal aufnähen. Blöcke auf 8 1/2" (22 cm) Größe schneiden; sie bilden die Reihen eins und zwei.

2) **Nähen** Sie vier Blöcke aus jeweils einigen Streifen der hellen und der mittleren Farbtöne. Diese Blöcke bilden die dritte Reihe.

3) **Nähen** Sie für die vierte und fünfte Reihe acht Blöcke aus Streifen der mittleren Farben, danach vier Blöcke aus einigen mittleren und einigen dunklen Streifen für Reihe sechs.

4) **Nähen** Sie acht Blöcke aus dunklen Streifen für die Reihen sieben und acht. Arrangieren Sie alle Blöcke zu Reihen, und zwar so, daß ein Zickzackmuster entsteht.

5) **Nähen** Sie immer vier Blöcke zu Querreihen, dann die Reihen untereinander zusammen. Drücken Sie die Nahtzugaben mit den Fingern in entgegengesetzte Richtungen. Die fertige Patchworkoberseite bügeln.

6) **Nähen** Sie die Randstreifen an (Seiten 20–25), Schnittbreite 4 1/2" (11,5 cm). Mit einem Lineal markieren Sie die Quiltlinien auf dem Randstreifen, indem einige Nahtlinien so verlängert werden, daß sie über den Randstreifen laufen.

7) **Schneiden** Sie den Rückseitenstoff etwa 4" (10 cm) größer zu als die Oberseite. Montieren und heften Sie Quiltoberseite, Vlies und Rückseite (Seiten 26 und 27). Quilten Sie in allen Nähten (Seiten 34 und 35) und auf den markierten Linien des Randstreifens.

8) **Nähen** Sie die Einfassung an (Seite 37), Schnittbreite 2 1/2" (6,5 cm). Ist der Quilt als Wandbehang vorgesehen, nähen Sie einen Stoffschlauch als Aufhängung auf die Rückseite (Seite 39).

Streifenquilt-Variationen

Indem Sie die Breite und den Winkel der Stoffstreifen verändern, können Sie ganz unterschiedliche Effekte erzielen. Auch die Auswahl der Farben spielt eine große Rolle. Leuchtende Kontrastfarben ergeben eine ganz andere Wirkung als sanfte Farbabstufungen. Experimentieren Sie auch mit unterschiedlichen Stoffqualitäten, Blockgrößen und Blockanordnungen.

Das moderne Design dieses Quilts entstand, indem nicht einzelne Blöcke, sondern lange Basisstreifen in Streifen-Patchwork untereinandergereiht wurden.

Dekostoffe, in breite Streifen geschnitten, sind schnell und einfach zu einem Bettüberwurf vernäht. Der unten abgebildete Streifenquilt besteht aus 36 Blöcken mit 12" (30,5 cm) Kantenlänge, sechs quer und sechs längs. Die Größe des fertigen Quilts, inklusive eines 4" (10 cm) breiten Randstreifens, beträgt etwa 80" (204 cm) im Quadrat.

Landschaftsquilts

Um Landschaften zu gestalten, werden Stoffstreifen auf einem Unterstoff überlappend und in mehreren Lagen angeordnet. Die Streifen bzw. Stoffteile werden von Hand ausgeschnitten und dann auf dem Untergrund angeordnet, wobei man in der Regel an der Oberkante des Bildes beginnt und nach unten arbeitet. Die sichtbaren Kanten werden eingeschlagen und mit Blindstichen festgenäht. Wenn Sie einen Landschaftsquilt gestalten, ist es ratsam, immer wieder zurückzutreten und die Arbeit mit Abstand zu betrachten, bevor Sie die nächsten Stoffteile auflegen.

Gut sind Stoffe geeignet, deren Oberflächenstruktur oder Musterung den jeweiligen Flächen der Landschaft entspricht. Marmorierte oder gesprenkelte Stoffe, kleingeblümte Drucke, unregelmäßig genoppte Naturseide und Samt können einem einfachen Entwurf Tiefe geben.

Als Ideenquelle für Ihren eigenen Entwurf können Postkarten, Fotografien oder Landschaftsmalereien dienen. Bevor Sie beginnen, sollten Sie in jedem Fall eine Skizze oder aber eine originalgroße Vorlage anfertigen.

Sie benötigen

Nessel als Unterstoff.
Stoffreste in den der Landschaft entsprechenden Farben.
Stoff für den Rand (Stoffverbrauch s. Seite 20).
Rückseitenstoff (Stoffverbrauch s. Seite 26).
Stoff für die Einfassung (Stoffverbrauch s. Seite 36).
Vlieseinlage: etwa 4” (10 cm) größer als die Quiltoberseite.

Fotografien sind eine gute Ideenquelle für Landschaftsentwürfe.

1) **Schneiden** Sie Ihren Unterstoff etwas größer zu, als die fertige Landschaft werden soll. Schneiden Sie dann einen Streifen Stoff für den Himmel in der Breite des Unterstoffs und stecken Sie ihn an der oberen Kante darauf fest.

2) **Schneiden** Sie den Stoff für die nächste Lage wieder so breit wie den Unterstoff, wobei die obere Kante beliebig geschwungen sein kann; diese stecken Sie mit $1/4$" (6 mm) eingeschlagener Nahtzugabe fest. Wo nötig, die Nahtzugabe einschneiden.

3) **Betrachten** Sie das bisherige Arrangement aus einiger Entfernung und korrigieren Sie, wenn nötig. Schneiden Sie überstehenden Stoff der vorigen Stoffschicht zurück.

4) **Legen** Sie weitere Stoffstücke auf (Punkt 2 und 3), bis der gesamte Unterstoff bedeckt ist. Zur Darstellung von Hügeln oder anderen Landschaftsdetails können auch kleinere Stoffteile verwendet werden.

5) **Schneiden** Sie weitere Formen zu, wie z. B. Wolken, und schieben Sie diese, wo gewünscht, unter eine bereits gesteckte Lage. Schlagen Sie offene Kanten um oder folgen Sie Punkt 1 und 2 der Beschreibung für die Blindstichapplikation (Seite 78).

6) **Fixieren** Sie mit Blindstichen die umgeschlagenen und gebügelten Kanten, verwenden Sie dafür durchsichtiges Nylongarn (Seite 78, Punkt 4); hier wurde zur Verdeutlichung kontrastfarbenes Garn verwendet. Schneiden Sie andere Lagen zurück, wo nötig.

7) **Schneiden** Sie an den Außenkanten überstehenden Stoff zurück. Randstreifen annähen (Seiten 20–25). Rückseitenstoff 4" (10 cm) größer zuschneiden als die Oberseite. Oberseite, Vlies und Rückseite montieren und heften (Seiten 26 und 27).

8) **Quilten** Sie (Seiten 28–35): Wenden Sie entlang der Landschaftskonturen In-der-Naht-Quilten an, freies Maschinenquilten für Details. Einfassung annähen (Seite 37). Ein Stoffschlauch auf der Rückseite (Seite 39) macht den Quilt zum Wandbehang.

Landschaftsquilt-Variationen

Um Details einer Landschaft darzustellen, können Sie Ihr Design durch kleine Applikationen ergänzen. Auch Quiltlinien können Details herausarbeiten.

Pueblo (links). Die Häuser bestehen aus Baby Blocks (Seite 67), die appliziert wurden, wie auf Seite 73 beschrieben. Türen, Fenster und Leitern sind Zickzackstichapplikationen (Seiten 80/81).

Sonnenaufgang (unten). Hier wurde mit dem gelben Stoff angefangen und zu den Seiten hin gearbeitet. Dann wurde der grüne Abschnitt genäht, danach die farbenprächtigen Felder. Die Tannen wurden mit Geradstich appliziert und dann leicht ausgefranst (Seite 79).

Die Farm (rechts). Wie das Bild eines naiven Malers wirkt dieser Quilt. Die gemusterten und strukturierten Stoffe sowie die absichtlich leicht verschobene Hauskonstruktion geben ihm den rustikalen Effekt. Die einzelnen Teile des Farmhauses wurden mit Blindstichen aufgenäht (Seite 78).

Sonnenuntergang (unten rechts). Die glutrote Sonne ist der Ausgangspunkt bei dieser Arbeit. Dann wurden die Felsen und der Fluß hinzugefügt, nach der auf den Seiten 102 und 103 beschriebenen Methode. Quiltlinien bilden die Strahlen der untergehenden Sonne, verleihen den Felsen ein zerklüftetes Aussehen und dem Wasser die fließende Bewegung.

Kreative Randgestaltung

Rahmengitter

Bei dem hier gezeigten Quilt bestimmen nicht die Blöcke, sondern die Gitterstreifen das Design. Das außergewöhnliche Rahmengitter besteht aus Parallelogrammen und Dreiecken. Des einfacheren Aufbaus wegen werden die Gitterteile um jeden einzelnen Block genäht. Wenn dann die Blöcke zusammengesetzt werden, wird an den Eckpunkten von je vier Blöcken ein achtzackiger Stern erkennbar, und die mittleren Dreiecke bilden ein Quadrat.

Die Blöcke selbst, also die aus einem Stück bestehenden Stoffquadrate, können durch Quilten oder Applikationen zusätzlich verziert werden. Für das Gitter wurden hier warme Farbtöne in sanften Abstufungen gewählt, was einen harmonischen Gesamteindruck vermittelt. Wählen Sie dagegen kräftige, kontrastierende Farben, wird das Gitter viel stärker hervortreten.

Die folgende Arbeitsanleitung gilt für einen Bettüberwurf. Für einen Quilt in der Größe 68" x 86" (173 x 219 cm) für ein französisches Bett werden drei Reihen zu je zwei Blöcken zusammengesetzt. Für einen Doppelbettquilt von 86" x 86" (219 x 219 cm) Größe näht man drei Reihen zu je drei Blöcken aneinander. Das Gitter wird um 12" (30,5 cm) große Quadrate genäht.

Jeder Block wird von einem Rahmen umgeben und mißt dann 18" (46 cm) im Quadrat. 16" (40,5 cm) breite Randstreifen vervollständigen den Quilt und bieten Platz für dekoratives Quilten. Damit die Randstreifen aus einem Stück sein können, also nicht aus mehreren Stücken zusammengesetzt werden müssen, schneidet man sie im Längsfadenlauf zu.

✂ Zuschneiden

Schneiden Sie zwei 3 1/2" (9 cm) breite Streifen aus jedem der acht einfarbigen Stoffe für das Gitter. Diese Streifen werden zu Parallelogrammen geschnitten (Seite 110).

Schneiden Sie vier Stoffe für die Dreiecke des Gitters zuerst in 7 1/4" (18,7 cm) große Quadrate. Für ein französisches Bett brauchen Sie zwei Quadrate von jedem Stoff, für ein Doppelbett drei Quadrate von jedem Stoff. Teilen Sie alle Quadrate zweimal diagonal (Seite 13) in je vier Dreiecke pro Quadrat.

Für die Blöcke schneiden Sie 12 1/2" (32 cm) breite Streifen und diese in Quadrate. Sie brauchen sechs Quadrate für ein französisches Bett und neun für einen Doppelbettquilt.

Sie benötigen

Für ein französisches Bett:
3/4 yd. (0,70 m) Stoff für die Blöcke.
1/4 yd. (0,25 m) von je acht einfarbigen Stoffen für die Parallelogramme des Gitters. Wählen Sie acht Schattierungen einer Farbe.
Stoffreste oder **1/4 yd. (0,25 m)** von je vier Stoffen für die Dreiecke in den Gitterstreifen.
3 3/4 yd. (3,45 m) Stoff für die Randstreifen, die in voller Länge zugeschnitten werden.
2 3/4 yd. (2,55 m) Stoff von 90" (229 cm) Breite oder
5 1/4 yd. (3,45 m) Stoff von 45" (115 cm) Breite für die Rückseite.
3/4 yd. (0,70 m) Stoff für die Einfassung.
Vlieseinlage: Fertigpackung für französisches Bettmaß, bzw. Maß für fertige Quiltgröße plus 10 cm.

Für ein Doppelbett:
1 1/8 yd. (1,05 m) Stoff für die Blöcke.
1/4 yd. (0,25 m) von je acht einfarbigen Stoffen für die Parallelogramme der Gitter. Wählen Sie acht Schattierungen einer Farbe.
Stoffreste oder **1/4 yd. (0,25 m)** von je vier Stoffen für die Dreiecke der Gitter.
4 1/4 yd. (3,90 m) Stoff von 108" (274,5 cm) Breite oder
7 3/4 yd. (7,10 m) Stoff von 45" (115 cm) Breite für die Rückseite.
3/4 yd. (0,70 m) Stoff für die Einfassung.
Vlieseinlage: Fertigpackung für Doppelbettgröße, bzw. Maß für fertige Quiltgröße plus 10 cm.

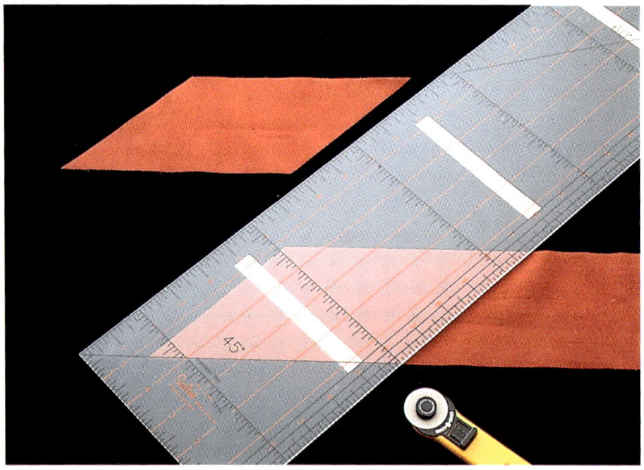

1) **Schneiden** Sie das Ende eines Gitterstreifens im 45°-Winkel ab. Die 4 3/4"-(12 cm)-Markierung des Quiltlineals an die Schräge legen und ein Parallelogramm schneiden.

2) **Schneiden** Sie die benötigte Anzahl von Parallelogrammen; acht aus jedem Stoff für das französische Bett oder neun für das Doppelbett.

3) **Nähen** Sie je ein Parallelogramm unterschiedlicher Farbe an die kurzen Seiten eines Dreiecks. Nahtzugaben in Richtung der Parallelogramme drücken, überstehende Spitzen der Nahtzugaben abschneiden.

4) **Wiederholen** Sie Punkt 3, bis Sie vier zusammengesetzte Rahmenstreifen für jeden Block haben. Verwenden Sie in jedem Viererset jeden Parallelogramm- und jeden Dreieckstoff einmal.

5) **Nähen** Sie die kurze Seite eines zusammengesetzten Rahmenstreifens an eine Seite des Blocks, beginnen und beenden Sie die Naht 1/4" (6 mm) von der Ecke entfernt. Mit Rückstichen sichern. Wiederholen Sie das an den anderen Seiten des Blocks.

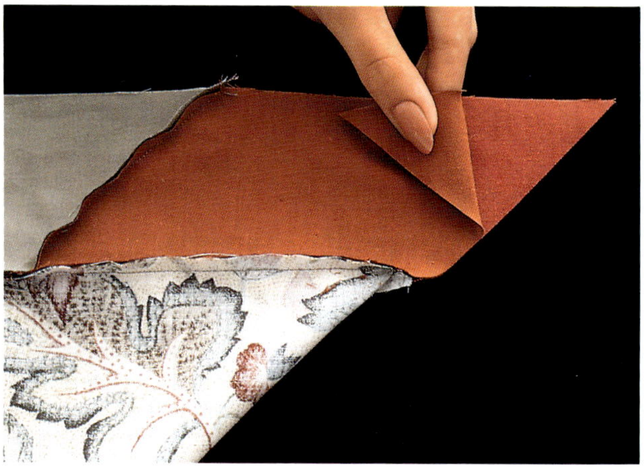

6) **Falten** Sie den Block diagonal, rechts auf rechts, mit genau aufeinanderliegenden Kanten der Parallelogramme.

7) **Nähen** Sie die diagonale Ecknaht und sichern Sie diese mit Rückstichen an der inneren Ecke. Beim Nähen nicht die Nahtzugaben mitfassen. An den anderen Ecken ebenso verfahren.

8) **Wiederholen** Sie Punkt 5–7 mit den restlichen Blöcken und variieren Sie dabei die Verteilung der Farben. Legen Sie die Blöcke zu Reihen.

9) **Nähen** Sie die Blöcke in Reihen zusammen, mit genau passenden Ecken, dann die Reihen untereinander. Drücken Sie die Nahtzugaben in entgegengesetzte Richtungen. Alles bügeln, Nahtzugaben in Richtung der Blöcke.

10) **Schneiden** Sie die Randstreifen im Längsfadenlauf (Seiten 20–25) zu und nähen Sie sie an. Schnittbreite 16 1/2" (42 cm). Zeichnen Sie nach Wunsch Quiltmuster auf Blöcke und Randstreifen (Seite 30).

11) **Schneiden** Sie Rückseite und Vlies etwa 4" (10 cm) größer zu als die Oberseite. Montieren und heften Sie Quiltoberseite, Vlies und Rückseite (Seiten 26 und 27).

12) **Quilten** Sie (Seiten 25–35) auf den markierten Linien. Nähen Sie die Einfassung an (Seite 37); Schnittbreite 2 1/2" (6,5 cm).

Sternengitter

Gitterstreifen, die an den Kreuzungspunkten Sterne bilden, sind als eigenständiges Muster auffallend genug, um mit einfarbigen Blöcken kombiniert zu werden. Auf jeden Fall kommen die Sterne so am besten zur Geltung.

Die folgende Arbeitsanleitung gilt für einen Quilt, der aus 30 Blöcken mit 5 1/2" (14 cm) Kantenlänge und 2 1/4" (6 cm) breiten Gitterstreifen genäht wird. Der fertige Quilt, inklusive eines doppelten, mit gerader Ecke angesetzten Randes, mißt etwa 45" x 53" (115 x 135 cm).

✂ Zuschneiden

Schneiden Sie acht 2 3/4" (7 cm) breite Streifen aus dem Stoff für die Zwischenstreifen und teilen Sie diese in 49 Rechtecke von 6" (15 cm) Länge. Schneiden Sie zwei 2 3/4" (7 cm) breite Streifen aus dem Sternen-Stoff und teilen Sie diese in 20 Quadrate mit 2 3/4" (7 cm) Kantenlänge. Schneiden Sie sieben 1 5/8" (4 cm) breite Streifen aus Sternen-Stoff und schneiden Sie daraus 160 Quadrate für die Sternenzacken. Für die Blöcke schneiden Sie fünf 6" (15 cm) breite Streifen und daraus 30 Quadrate.

Sie benötigen

1 yd. (0,95 m) Stoff für die Uni-Blöcke.

7/8 yd. (0,80 m) Stoff für die Gitterstreifen.

2/3 yd. (0,63 m) Stoff für die Sterne und den inneren Rand.

3/4 yd. (0,70 m) Stoff für den 3 1/2" (9 cm) äußeren Rand.

1/2 yd. (0,50 m) Stoff für die Einfassung.

2 3/4 yd. (2,55 m) Rückseitenstoff.

Vlieseinlage: etwa 49" x 57" (125 x 145 cm).

1) **Legen** Sie eins der 1 5/8" (4 cm) großen Sternenstoff-Quadrate auf eine Ecke des Gitterstreifens, rechts auf rechts, Kanten genau aufeinander. Nähen Sie, wie abgebildet, diagonal darüber.

2) **Bügeln** Sie das Quadrat an der Naht zur Hälfte um, die Kanten mit dem Gitterstreifen übereinstimmend. Schneiden Sie die zwei Stofflagen unter der Ecke bis auf 1/4" (6 mm) Nahtzugabe zurück.

3) **Wiederholen** Sie Punkt 1 und 2 an der zweiten Ecke. Nähen Sie an jeweils ein schmales Ende von insgesamt 18 Rechtecken solche Quadrate an. Dies sind die äußeren Gitterstreifen.

4) **Nähen** Sie die restlichen Sternenstoff-Quadrate an jeweils beide Enden der restlichen Gitterstreifen-Rechtecke. Dies werden die inneren Gitterstreifen.

5) **Nähen** Sie vier äußere Gitterstreifen zwischen fünf Blöcke, die Dreiecke zeigen nach unten. Das ergibt die oberste Reihe des Quilts. Nahtzugaben zu den Blöcken bügeln.

6) **Wiederholen** Sie Punkt 5 für eine weitere Reihe, die Dreiecke nach oben zeigend. Dies wird die unterste Reihe des Quilts.

7) **Nähen** Sie vier innere Gitterstreifen zwischen fünf Blöcke; das ergibt eine der mittleren Reihen. Nahtzugaben zu den Blöcken bügeln. Drei weitere solcher Reihen nähen.

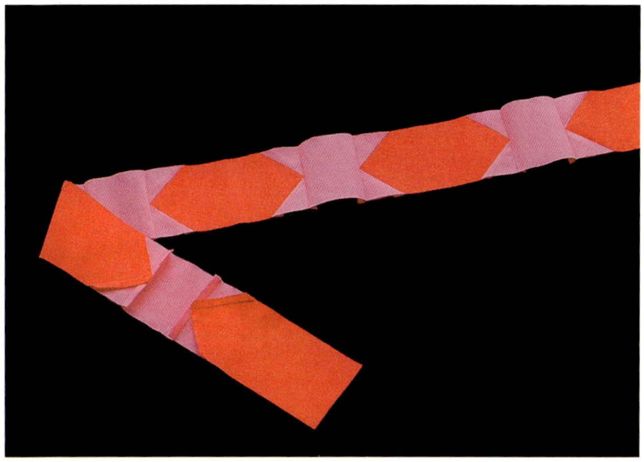

8) **Nähen** Sie drei innere und zwei äußere Gitterstreifen im Wechsel mit vier Sternen-Quadraten zu einem langen Streifen. Nahtzugaben zu den Quadraten bügeln. Vier weitere Streifen nähen.

9) **Stecken** Sie einen der Streifen rechts auf rechts auf die Unterkante der obersten Reihe und nähen Sie ihn an. Wiederholen Sie dies mit allen Reihen, außer der untersten.

10) **Stecken** Sie die Unterkante eines Gitterstreifens an die Oberkante der nächsten Reihe. Fortfahren, bis alle Reihen zusammengenäht sind. Nahtzugaben zum Gitter bügeln.

11) **Nähen** Sie die Randstreifen an (Seiten 20–25); Schnittbreite 1" (2,5 cm) für den inneren und 4" (10 cm) für den äußeren. Rückseitenstoff 4" (10 cm) größer zuschneiden als die Oberseite. Quiltoberseite, Vlies und Rückseite montieren und heften (Seiten 26 und 27).

12) **Quilten** Sie (Seiten 28–35), nach Wunsch auch die einfarbigen Blöcke. Nähen Sie die Einfassung an (Seite 37); Schnittbreite 2 1/2" (6,5 cm). Soll der Quilt aufgehängt werden, nähen Sie einen Stoffschlauch auf die Rückseite (Seite 39).

Sternengitter-Variationen

Sehr abwechslungsreich kann ein Sternengitter gestaltet werden, indem man z. B. für jeden Stern eine andere Farbe nimmt oder auch die Farben bei den Gitterstreifen variiert. Noch aufwendiger wird es, wenn die Gitterstreifen wiederum aus einzelnen Streifen zusammengesetzt werden. Für das Arbeiten mit verschiedenfarbigen Stoffen benötigen Sie eine genaue Planzeichnung, nach der Sie zuschneiden und zusammensetzen können.

Farbabstufungen bei den Gitterstreifen verleihen dem rechts abgebildeten Quilt eine interessante Note.

Sterne in allen Farben des Regenbogens und der buntbedruckte Stoff für die Blöcke machen diesen Quilt fürs Kinderzimmer so lebendig. Die bunten Streifen des mittleren der insgesamt drei Randstreifen unterstreichen diese Wirkung noch.

Kleingemusterte Baumwolldrucke verleihen diesem Quilt seinen Charme, passend dazu wurden die Blöcke mit Schablonenmustern gequiltet. Die Gitterstreifen setzen sich aus mehreren schmalen Streifen zusammen.

Die leuchtend-dunklen Farben sind typisch für einen Amish-Quilt. Auch hier wirken die aus Streifen zusammengesetzten Gitter besonders schön.

Ein Gitter aus Streifen nähen

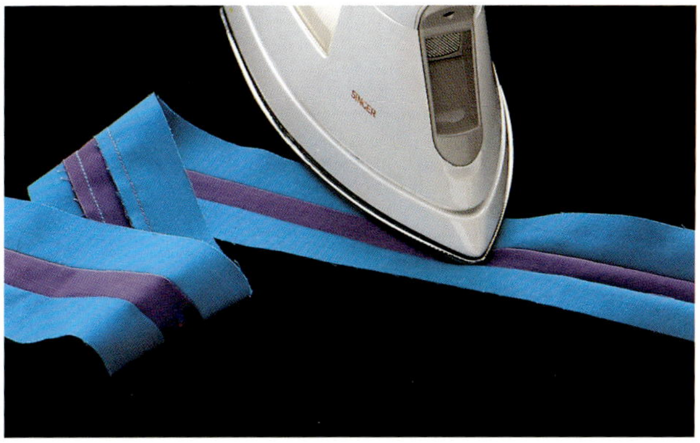

1) **Schneiden** Sie $1\frac{1}{4}$" (3,2 cm) breite Stoffstreifen im Querfadenlauf zu, immer drei für jede Gitterreihe. Streifen in der gewünschten Kombination, rechts auf rechts, an den Längskanten zusammennähen und bügeln.

2) **Schneiden** Sie den zusammengesetzten Streifen in 6" (15 cm) lange Stücke. Wie auf den Seiten 112–115 verwenden.

Gitter in Streifentechnik

Ein Gitter mit Eckquadraten sieht besonders gut aus, wenn die Gitterstreifen in einem schönen, harmonischen Farbverlauf in Streifentechnik zusammengesetzt wurden. Leuchtende Kontrastfarben für die Eckquadrate können ein weiteres Gestaltungselement sein.

Nehmen Sie einen gemusterten Stoff für die Blöcke und wählen Sie einen Farbton daraus, der dann in mehreren Abstufungen in den zusammengesetzten Streifen verwendet wird, und einen weiteren Farbton für die Eckquadrate.

Die folgende Arbeitsanleitung gilt für einen Wandbehang aus neun 8" (20,5 cm) großen Blöcken mit 2" (5 cm) breiten Gitterstreifen. Wie zufällig über den Quilt verlaufende, sich kreuzende Quiltlinien machen das Gesamtdesign noch interessanter. Die schmale Einfassung, die normalerweise den Rand umschließt, ist hier Rand und Einfassung zugleich. Das fertige Projekt mißt etwa 32" (81 cm) im Quadrat.

✂ Zuschneiden

Schneiden Sie 1½" (3,8 cm) breite Streifen aus jeder der abgestuften Farben für die Gitterstreifen. Schneiden Sie je vier Streifen aus einem „fat quarter" oder zwei Streifen von einer 45" (115 cm) breiten Stoffbahn. Schneiden Sie einen 2½" (6,5 cm) breiten Streifen aus dem Stoff für die Eckquadrate und teilen Sie diesen in 16 Quadrate mit 2½" (6,5 cm) Kantenlänge. Für die Blöcke schneiden Sie zwei 8½" (21,8 cm) breite Stoffstreifen und teilen diese in neun 8½" (21,8) große Quadrate.

Sie benötigen

⅛ yd. (0,15 m) von je acht Stoffen oder eine Packung mit „fat quarters" von handgefärbten Stoffen für die Gitterstreifen.

⅛ yd. (0,15 m) Stoff für die Eckquadrate.

¾ yd. (0,70 m) Stoff für die Blöcke.

⅓ yd. (0,32 m) Stoff für die Einfassung.

1 yd. (0,95 m) Rückseitenstoff.

Vlieseinlage: etwa 36" (91,5 cm) im Quadrat.

1) Nähen Sie je einen Streifen jeder Farbe an den Längskanten rechts auf rechts und in fortlaufenden Farbwerten aneinander. Die anderen Streifen ebenso zusammennähen. Nahtzugaben in eine Richtung bügeln.

2) Schneiden Sie mit dem Rollschneider diesen zusammengesetzten Streifenstoff quer in 2 1/2" (6,5 cm) breite Streifen.

3) Setzen Sie die zusammengesetzten Streifen zwischen die Blöcke, mit der dunkelsten Farbe an der Unterkante. Bilden Sie drei Reihen zu je drei Blöcken. Auch an die Enden je einen Streifen nähen. Nahtzugabe zu den Blöcken bügeln.

4) Vollenden Sie das Gitter, wie auf Seite 19 in Punkt 3–5 beschrieben. Ordnen Sie dann die Streifen an, wie im Bild gezeigt.

5) Zeichnen Sie Quiltlinien (Seite 30) quer über die Oberseite, etwa vier Linien von jeder Seite (zur Verdeutlichung sind die Markierungen im Bild sehr kräftig). Montieren und heften Sie Quiltoberseite, Vlies und Rückseite (Seiten 26 und 27).

6) Quilten Sie entlang der Zwischenstreifen in den Nähten (Seiten 34 und 35), dann auf den vorgezeichneten Linien. Einfassung annähen (Seite 37); Schnittbreite 2 1/2" (6,5 cm). Soll der Quilt als Wandbehang dienen, wird die Rückseite mit einem Stoffschlauch versehen (Seite 39).

Variationen mit Streifengittern

Wollen Sie mehr Farbe in Ihren Quilt bringen, können Sie die farblich abgestuften Streifengitter aus mehreren Grundfarben zusammensetzen. Oder Sie geben den Eckquadraten verschiedene Farben. Optische Bewegungseffekte entstehen, indem Sie die Anordnung der Gitterstreifen entsprechend verändern.

Das Streifengitter wurde bei diesem Quilt so angeordnet, daß von den jeweils farblich passenden Verbindungsquadraten abwechselnd helle und dunkle Strahlen ausgehen.

Gemusterte Stoffe in harmonischer Farbzusammenstellung wurden für die zusammengesetzten Gitterstreifen dieses Quilts gewählt. Die Blöcke wurden durch freies Maschinenquilten so gestaltet, daß die Quiltlinien die unregelmäßige Musterung des Stoffs unterstreichen.

Ein regenbogenfarbenes Streifengitter wurde bei dem Quilt unten mit dunklen, unifarbenen Blöcken kombiniert. Die Blöcke wurden zusätzlich mit einem Schablonenquiltmuster verziert.

Kreative Umrandungen

Die Umrandung kann viel mehr als nur ein Rahmen für das Patchworkmuster sein, sie kann, wie bei dem links gezeigten Quilt, auch zu einem wichtigen Gestaltungselement werden. Ein Rand kann aber auch einfach einen ganz unerwarteten Abschluß bilden, wie die Quilts auf den Seiten 124 und 125 zeigen.

Applizierte Umrandungen

Ein asymmetrischer Rand verleiht dem Quilt eine sehr individuelle Note. Die Schnittkanten des Randes entsprechen den Konturen des gedruckten Stoffmusters; sie werden, diesem Muster folgend, auf die Quiltoberseite appliziert. Ein solcher Rand kann entweder einen starken Kontrast zur Oberseite bilden oder sich dezent angleichen.

Ein applizierter Rand kann den ganzen Quilt umrahmen oder nur an ein oder zwei Seiten aufgenäht werden. Fertigen Sie zunächst eine Zeichnung an oder legen Sie Streifen des für den Rand vorgesehenen Stoffs um die Quiltoberseite, um das richtige Größenverhältnis beurteilen zu können.

Wählen Sie einen Stoff, in dessen Muster sich eine Kontur zum Ausschneiden anbietet und deren Schnittkante sich einschlagen läßt. Die dafür benötigte Stoffmenge hängt ganz von der Größe des Quilts und der Breite des Randstreifens ab. Kalkulieren Sie den Stoffverbrauch nach den Angaben auf Seite 20, am besten so, als würden Sie einen fortlaufenden Rand nähen. Dabei sollten Sie für diese Streifen unbedingt etwas mehr Breite einplanen, damit Sie sie gegebenenfalls an der Außenkante so verschieben können, daß eine optimal verlaufende Linie der Innenkante des Motivs entsteht.

Sie benötigen

Gemusterten Stoff für den applizierten Rand (Stoffverbrauch s. Seite 123).
Randstreifen für den schmalen äußeren Rand (Stoffverbrauch s. Seite 20).
Patchworkoberseite, vorher fertiggestellt.
Rückseitenstoff (Stoffverbrauch s. Seite 26).
Vlieseinlage: etwa 4" (10 cm) größer als der Quilt.

1) **Bügeln** Sie die Quiltoberseite. Messen Sie die Kante oder den Teil davon, der vom ersten Randstreifen bedeckt werden soll. Stoff in entsprechender Länge zuschneiden; Schnittbreite entsprechend der Motivlinie bis zur Kante plus 1/4" (6 mm). Markieren Sie die Kontur.

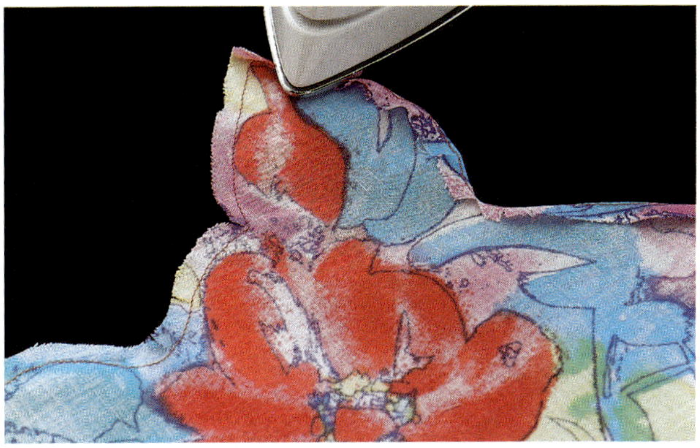

2) **Nähen** Sie entlang der markierten Kontur und schneiden Sie den Stoff bis auf 1/4" (6 mm) Nahtzugabe an diese Nählinie zurück. Schlagen Sie die Kante bis zur Nählinie ein. Bügeln. Wenn nötig, Nahtzugabe an den Kurven einschneiden.

3) **Stecken** Sie den Randstreifen auf die Quiltoberseite, Außenkanten aufeinander, Seiten etwas überragend, Ecken im rechten Winkel. Innenkante mit Blindstich annähen (Seite 78, Punkt 4). Stoff unter dem applizierten Rand bis auf 1/4" (6 mm) Zugabe zurückschneiden.

4) **Messen** Sie die angrenzende Seite oder den Teil davon, der vom Rand bedeckt werden soll. Schneiden Sie den zweiten Streifen etwas länger als dieses Maß, damit er den ersten Streifen überlappt. Schnittbreite entspricht der breitesten Stelle plus 1/2" (1,3 cm). Kontur des Musters markieren.

5) **Nähen** und bügeln Sie die Kontur des Randmusters wie in Punkt 2. Feststecken und mit Blindstich annähen, wie in Punkt 3. Stoff unter dem Rand bis auf 1/4" (6 mm) Nahtzugabe zurückschneiden. Weitere Randstreifen genauso anbringen.

6) **Nähen** Sie, falls gewünscht, einen Außenrand (Seiten 20–25) an. Rückseitenstoff 4" (19 cm) größer zuschneiden als die Oberseite. Montieren und heften Sie Quiltoberseite, Vlies und Rückseite (Seiten 26 und 27). Quilten (Seiten 28–35). Einfassung annähen (Seite 37). Eventuell Stoffschlauch als Aufhängung auf die Rückseite nähen (Seite 39).

Sehr dekorativ umrahmt der unregelmäßig zusammengesetzte Rand dieses Tischläufers die Zickzackstichapplikationen (Seiten 80/81) im Mittelteil.

Rand-Variationen

Eine kreativ gestaltete Umrandung kann ein ebenso interessanter Blickfang sein wie das Patchworkmuster selbst. Sie kann die Patchworkfarben hervorheben und betonen, aber auch die Proportionen des Quilts verändern.

In zusammengesetzten Randstreifen können Sie auch Stoffe verwenden, die allein als Umrandung viel zu auffällig wären.

Eine weitere Möglichkeit, verschiedene Stoffe einzubringen, sind Mehrfachumrandungen. Statt des üblichen ein- oder zweifachen Randstreifens können Sie auch drei oder noch mehr Umrandungen vorsehen.

Die asymmetrische Anordnung von Randstreifen wirkt besonders dekorativ bei Wandbehängen. Ein solcher Rand kann Bewegung in den Entwurf bringen und das Patchworkmuster auf ungewöhnliche Weise betonen.

Nur an zwei Seiten wurden bei diesem Quilt Randstreifen angesetzt. Die Ecken sind diagonal gearbeitet. Als Besonderheit hat dieser Pine-Trees-Quilt (Seite 43) auch eine gemusterte Rückseite.

Ein Schrägstreifen, der in weichen Kurven über den Randstreifen läuft, unterstreicht das Design dieses modernen Crazy Quilts (links) auf eigenwillige Weise. Der Streifen wurde mit der Nämaschine aufgenäht, und zwar mit Blindstichen, wie auf Seite 78 beschrieben.

Die Mehrfachumrandungen in verschiedenen Breiten bei dem unten abgebildeten Streifenquilt (Seite 95) wiederholen die Farben des Streifen-Patchworks. Sie wurden mit geraden Ecken angenäht (Seiten 20–22). Der innerste, das Patchworkmuster einrahmende Rand ist rot, der zweite und dritte jeweils halb blau und halb violett. Der vierte Rand verläuft nur oben und an der linken Seite und greift das Rot wieder auf.

Schräg eingesetzte Kontraststreifen machen aus dem gemusterten Randstreifen einen angemessenen Rahmen für das dekorative Landschaftsmotiv. Nähen Sie die Streifen in den Rand ein, wie auf Seite 88 beschrieben. Nähen Sie dann zuerst den Randstreifen der linken Quiltseite an und arbeiten Sie gegen den Uhrzeigersinn weiter, immer mit geraden Ecken. Nur die letzte Ecke, links oben, wird mit einer diagonalen Naht geschlossen.

Register

Textiles Gestalten

Traudel Hartel
Patchwork creativ
64 Seiten
100 farbige Fotos und
18 s/w-Zeichnungen
ISBN 3-332-00883-8

Ruth Leitz
Sternzeichen in Patchwork
64 Seiten
95 farbige Fotos und
27 Zeichnungen
ISBN 3-332-01117-0

Ulrike Weber
Faszinierende Quilt-Ideen
64 Seiten
221 farbige Abbildungen
ISBN 3-332-01282-7

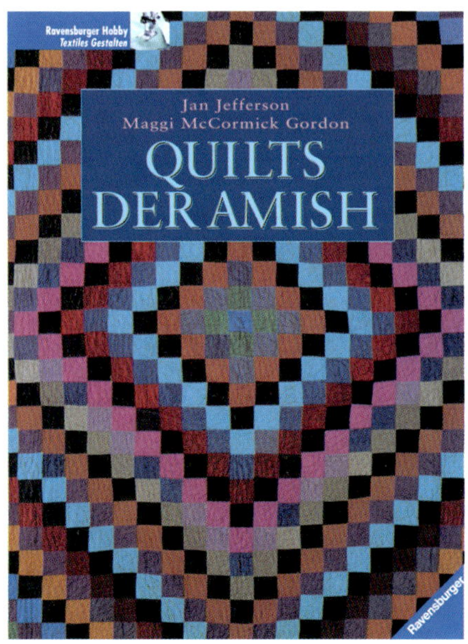

Jan Jefferson
Maggi Mc Cormick Gordon
Quilts der Amish
128 Seiten
295 farbige Abbildungen
ISBN 3-332-01034-4